高等学校信息技术
人才能力培养系列教材

微课版

U0160364

Access 2016
数据库应用基础实践教程 第2版

韦昌法 罗铁清 ◉ 主编

周知 吴世雯 黄辛迪 ◉ 副主编

Practice Course for Access 2016
Database Application Foundation

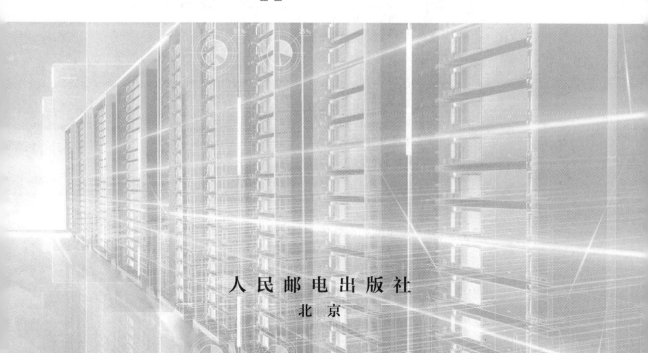

人民邮电出版社
北京

图书在版编目（CIP）数据

Access 2016数据库应用基础实践教程：微课版 / 韦昌法，罗铁清主编. -- 2版. -- 北京：人民邮电出版社，2023.1
高等学校信息技术人才能力培养系列教材
ISBN 978-7-115-60198-8

Ⅰ. ①A… Ⅱ. ①韦… ②罗… Ⅲ. ①关系数据库系统－高等学校－教材 Ⅳ. ①TP311.138

中国版本图书馆CIP数据核字(2022)第183974号

内 容 提 要

本书是《Access 2016 数据库应用基础（第 2 版 微课版）》的配套教材。全书共两部分：第一部分为实验指导；第二部分为主教材的习题参考答案。本书在安排各章的实验内容时，首先对本章的关键知识进行简单梳理，然后以学生活动管理系统等为基础设计实验，并给出了所有实验的操作步骤，以便读者理解相关知识，进而设计出令自己满意的数据库系统。

本书与主教材《Access 2016 数据库应用基础（第 2 版 微课版）》中的知识点密切相关，实验丰富，应用性强，可作为高等院校相关专业数据库应用基础课程的实践教材，也可供数据库（Access）初学者在学习与实践中参考使用。

♦ 主　编　韦昌法　罗铁清
　　副主编　周　知　吴世雯　黄辛迪
　　责任编辑　王　宣
　　责任印制　王　郁　陈　犇
♦ 人民邮电出版社出版发行　　北京市丰台区成寿寺路 11 号
　　邮编　100164　电子邮件　315@ptpress.com.cn
　　网址　https://www.ptpress.com.cn
　　三河市兴达印务有限公司印刷
♦ 开本：787×1092　1/16
　　印张：8　　　　　　　　　　2023 年 1 月第 2 版
　　字数：210 千字　　　　　　 2023 年 1 月河北第 1 次印刷

定价：36.00 元

读者服务热线：(010)81055256　印装质量热线：(010)81055316
反盗版热线：(010)81055315
广告经营许可证：京东市监广登字 20170147 号

本书编委会

主　编：韦昌法　罗铁清

副主编：周　知　吴世雯　黄辛迪

编　委：（按姓氏拼音排列）

李小智　任学刚　涂　珊　徐宏宁

前 言

　　"数据库应用基础"是一门实践性很强的课程，初学者只有通过大量的实践训练，才能掌握其中的概念和相应的操作规则，培养处理数据的基本能力，并逐步理解和掌握数据库的基础应用方法。

　　本书是与主教材《Access 2016数据库应用基础（第2版 微课版）》相配套的实践教程，全书分为以下两部分。

　　第一部分为实验指导，共8章，与主教材的8章内容一一对应。每章都根据教学内容给出多个实验，每个实验均提出实验要求，给出实验内容，并提供实验的参考步骤。

　　第二部分为习题参考答案，共8章，给出了主教材中各章习题的参考答案。读者可以根据该部分提供的参考答案，自行检测是否熟练掌握了数据库应用的基础概念和操作规则。需要注意的是，有的习题可能有不同的解题思路和答案，本书只给出一种答案供读者参考，读者也可以自行探索新的答案。

　　本书由韦昌法、罗铁清组织编写，第一部分和第二部分的第1章由罗铁清编写，第2章由韦昌法编写，第3章由徐宏宁编写，第4章由黄辛迪编写，第5章由李小智编写，第6章由任学刚编写，第7章由周知编写，第8章由吴世雯编写，罗铁清负责书中学生活动管理系统案例的数据库框架和数据库表中所有数据的整理，涂珊参与了本书相关知识点的审核。

　　本书是湖南省普通高等学校教学改革研究项目（项目名称：基于中医药案例的"数据库应用基础"线上线下混合式"金课"建设研究与实践。立项年度：2019年。项目序号：396）的研究成果之一。

　　在编写本书的过程中，尽管所有组织者和编者都竭尽所能地精心策划、认真编写、仔细校对，但因水平与能力有限，书中难免存在不妥之处，敬请读者批评指正。

　　本书的数据库文件及其他相关配套资源可以从人邮教育社区（www.ryjiaoyu.com）下载，也可以直接联系本书编者获取，联系邮箱：myteacherwei@qq.com。

编　者
2022年9月于长沙

目 录

第一部分　实验指导

< 01 >

第 7 章
VBA程序设计基础的实验

第 8 章
VBA数据库编程的实验

第二部分　习题参考答案

< 02 >

实验指导

第1章 数据库概述的实验

本章安排了多个实验，包括搜索整理不同数据库及相关技术的介绍信息、设计E-R图与关系表、导入外部数据至Access，以期达到以下实验目的。

① 熟悉目前主流的关系数据库技术。

② 掌握数据库的设计流程。

③ 熟悉Access的功能。

1.1 数据库相关技术的实验

关系数据库是指采用关系模型来组织数据的数据库，其形式与人们日常的数据管理形式相同，以行和列的形式存储数据。在实际的应用系统中，不同的系统对数据处理和控制的要求不同，对数据库的要求也不尽相同。一般小型门户网站只需为用户提供数据浏览功能，对数据处理能力和安全性的要求并不高，Access即可满足其应用需求。而银行系统的数据库不仅用户量庞大，而且对数据控制和安全性的要求很高，因此Access无法满足其应用需求，必须采用数据处理能力更强的数据库，如Oracle。

【实验1.1】使用搜索引擎查找至少3种主流的关系数据库，如MySQL、SQL Server、Oracle等，整理其基本介绍、优缺点、应用领域等信息。

具体操作步骤如下。

① 创建一个Word文档，并将其命名为"主流关系数据库介绍"。

② 使用百度、360等搜索引擎，搜索不同数据库及相关技术的信息。

③ 参照以下格式整理信息。

数据库：Access。

基本介绍：Access是一种关系数据库管理系统，使用它能够快速地创建数据库文件。随着版本的不断升级，Access图形用户界面更加完善和简洁，初学者更容易掌握。微软公司于1992年11月发布了Access 1.0，该版本是基于Windows 3.0操作系统的独立关系数据库管理系统；1993年发布了Access 2.0，它成为Office软件的一部分。随着技术的发展，Access先后出现了多个版本，如Access 7.0/95、Access 8.0/97、Access 9.0/2000、Access 10.0/2002、Access 2003、Access 2007、Access 2010、Access 2016。

优点：Access简洁、轻巧，方便使用，用户可以通过其可视化的界面管理数据，实现VBA编程，设计和开发出功能强大、具有一定专业水平的数据管理系统。

缺点：Access的数据处理能力一般，不适用于大型应用系统。

应用领域：Access适用于小型门户网站、个人网站等。

1.2 E-R图与关系表设计的实验

关系数据库设计是软件系统开发过程中的核心工作，在一定程度上决定了软件系统的应用性能。关系数据库设计主要包括概念模型设计（E-R图设计）与逻辑结构设计（关系表设计）。通过本实验，读者可以熟悉数据库设计的基本流程及注意事项，为后续表的创建与查询等知识的学习打下基础。

【实验1.2】对学生管理系统中的学生管理（管理员、学生及"管理"联系）进行E-R图设计。

具体操作步骤如下。

① 确定学生管理业务中实体（联系）的属性。管理员的基本属性包括管理员编号、姓名、性别、职称、政治面貌、出生日期、学院编号；学生的基本属性包括学号、姓名、性别、出生日期、政治面貌、家庭地址、班级编号、入学年份。两个实体通过"管理"建立联系。本例中管理没有属性。

② 画出实体E-R图，矩形表示实体，椭圆形表示实体的属性。

③ 画出实体之间的联系，并注明联系的类型（$1:1$、$1:n$或$n:m$），菱形表示联系，椭圆形表示联系的属性。学生管理E-R图如图1-1所示。

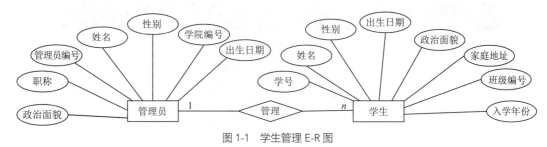

图1-1 学生管理 E-R 图

【实验1.3】根据实验1.2得到的E-R图，进行关系表的结构设计。

具体操作步骤如下。

① 将图1-1所示的实体转换为关系表。其中，将实体属性转换为关系表的字段，并对部分属性添加约束说明。管理员与学生实体对应的关系表分别如表1-1和表1-2所示。

表1-1 管理员信息表的结构

字段名称	数据类型	字段大小	字段名称	数据类型	字段大小
管理员编号	短文本	20个字符	职称	短文本	10个字符
姓名	短文本	20个字符	出生日期	日期/时间	—
性别	短文本	10个字符	学院编号	短文本	20个字符
政治面貌	短文本	10个字符	—	—	—

< 03 >

表1-2　　　　　　　　　　　　　　　　　　　学生信息表的结构

字段名称	数据类型	字段大小	字段名称	数据类型	字段大小
学号	短文本	20个字符	政治面貌	短文本	10个字符
姓名	短文本	20个字符	家庭地址	短文本	200个字符
性别	短文本	10个字符	入学年份	短文本	10个字符
出生日期	日期/时间	—	班级编号	短文本	20个字符

② 将实体之间的联系转换为关系结构。对于1：n类型的联系，将"1"对应的实体编号添加到"n"对应的实体的关系表中即可。注意：多对多的联系通常需要单独设计一个关系表，将两个实体的编号及联系的属性字段加入该表中。在学生管理的业务中，管理与学生的联系属于1：n类型，因此只需将管理员编号加入学生信息表中即可。

1.3　将外部数据导入Access的实验

在日常工作中，人们一般用Excel来处理数据。掌握Access的外部数据导入功能，有助于更好地对数据进行管理。向Access中导入外部数据，可以通过"外部数据"选项卡中的功能完成。

【实验1.4】熟悉Access 2016的操作界面及功能区，导入示例数据中的"学生信息表"。

具体操作步骤如下。

① 启动Access 2016，创建一个空数据库，进入操作界面，如图1-2所示。

图 1-2　Access 2016 的操作界面

② 单击"外部数据"选项卡中的"新数据源"按钮，从其下拉列表中选择"从文件"中的"Excel"选项，如图1-3所示，打开"获取外部数据-Excel电子表格"对话框。

图 1-3　选择"Excel"选项

< 04 >

③ 单击"浏览"按钮，弹出"打开"对话框，找到并选中对应的Excel文档；然后返回上一级对话框，选中"将源数据导入当前数据库的新表中。"单选按钮，如图1-4所示；选择好数据文件和存储位置后，单击"确定"按钮。

图 1-4　选中"将源数据导入当前数据库的新表中。"单选按钮

④ 打开"导入数据表向导"对话框，选择需要导入的"学生信息表"，如图1-5所示。注意：一个Excel文档中可能包含多个工作表，它们会显示在该对话框中。选择好后，单击"下一步"按钮。

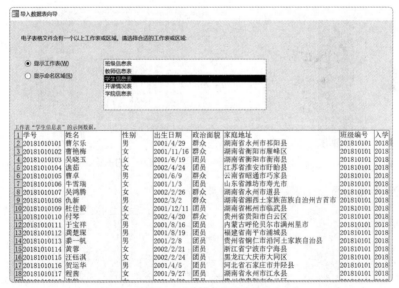

图 1-5　选择 Excel 文档中的"学生信息表"

⑤ 如果需要导入数据列标题，则勾选"第一行包含列标题"复选框，如图1-6所示，单击"下一步"按钮。

< 05 >

图1-6 勾选"第一行包含列标题"复选框

⑥ 设置"学号"为"学生信息表"的主键，如图1-7所示。如果导入的数据表中包含主键，则选中"我自己选择主键"单选按钮，并在其右侧的下拉列表中选择相应的字段作为主键。若选中"让Access添加主键"单选按钮，则会自动生成ID列并为每一行生成一个序号（行号）作为数据标志。

图1-7 设置"学号"为"学生信息表"的主键

⑦ 设置导入后的数据表的名称，如图1-8所示。

图1-8 设置数据表的名称

通过以上步骤，可以将外部的Excel文档中的数据导入Access的数据库中，然后便可以利用Access对数据进行有效的管理。

< 06 >

第2章 数据库和表的实验

本章安排了数据库的创建和操作实验、表的创建实验、表的维护实验及表的使用实验，以期达到以下实验目的。

① 熟悉Access 2016的操作界面。

② 熟练掌握Access中数据库的创建、打开和关闭方法。

③ 熟练掌握数据表的创建、维护和使用方法。

2.1 数据库的创建和操作实验

在使用Access组织、存储和管理数据时，首先应该创建数据库，然后在该数据库中添加所需的数据库对象。

1. 创建数据库

在Access中，创建数据库有两种方法：第1种方法是先新建一个空数据库，然后根据需要添加表、查询和窗体等对象，这是较灵活的方法；第2种方法是使用模板创建数据库，这是较快速的方法。无论采用哪种方法创建数据库，都可以随时对其进行修改或扩展。

（1）创建空数据库

一般情况下是先创建一个空数据库，使用这种方法可以灵活地创建出满足实际需求的数据库。

【实验2.1】创建"学生活动管理"数据库，并将数据库保存到D盘下的"XSHDGL"文件夹中，具体操作步骤如下。

① 启动Access 2016，欢迎界面如图2-1所示。选择"空白数据库"选项，打开创建空白数据库对话框，如图2-2所示。

② 创建空白数据库对话框的"文件名"文本框中给出了默认的文件名"Database1.accdb"，将其改为"学生活动管理.accdb"。在输入文件名时，如果没有输入扩展名".accdb"，那么在创建数据库时Access会自动添加扩展名。

③ 将鼠标指针移动到"文件名"文本框右侧的▣按钮上，将弹出提示信息"浏览到某

个位置来存放数据库"；单击▤按钮，将弹出"文件新建数据库"对话框；在该对话框中找到D盘下的"XSHDGL"文件夹并将其打开，如图2-3所示。

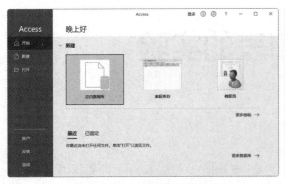

图 2-1　Access 2016 的欢迎界面

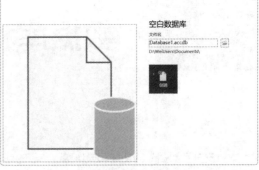

图 2-2　创建空白数据库对话框

图 2-3　"文件新建数据库"对话框

④ 单击"文件新建数据库"对话框中的"确定"按钮，返回到创建空白数据库对话框。此时，该对话框中显示将要创建的数据库的名称及保存位置，如图2-4所示。

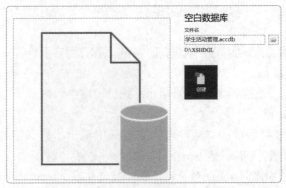

图 2-4　将要创建的数据库的名称及保存位置

⑤ 单击创建空白数据库对话框中的"创建"按钮，此时Access会新建一个空数据库，并自动在其中创建一个名为"表1"的数据表。该表以数据表视图的形式打开，如图2-5所示。

< 08 >

图 2-5　以数据表视图的形式打开数据表

⑥ 执行"文件"选项卡中的"关闭"命令。

（2）使用模板创建数据库

Access提供了丰富的数据库模板，如"学生""教职员""营销项目""联系人""资产跟踪"等。若使用数据库模板，只需进行一些简单操作，就可以创建包含表、查询、窗体和报表等对象的数据库。

【实验2.2】使用模板创建"学生"数据库，并将数据库保存到D盘下的"XSHDGL"文件夹中，具体操作步骤如下。

① 启动Access 2016，在欢迎界面中选择"学生"选项，使用模板创建数据库，如图2-6所示。

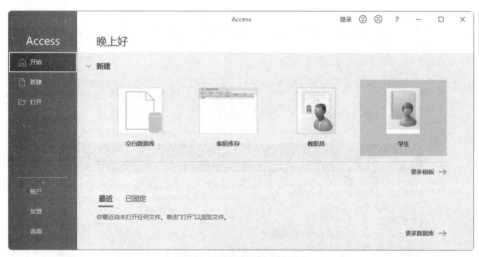

图 2-6　使用模板创建数据库

② 单击"学生"选项后，弹出图2-7所示的使用模板创建学生数据库对话框，在其中将数据库的文件名修改为"学生.accdb"，并设置其存储路径。

③ 单击按钮，打开"文件新建数据库"对话框，在该对话框中找到D盘下的"XSHDGL"文件夹并将其打开，然后单击"确定"按钮返回使用模板创建学生数据库对话框。

④ 单击使用模板创建学生数据库对话框中的"创建"按钮，完成数据库的创建。默认以窗体视图的形式打开"学生列表"数据表，如图2-8所示。单击导航窗格上方的"百叶窗开/关"按钮»，就可以看到创建的"学生"数据库中包含的各类对象，如图2-9所示。

< 09 >

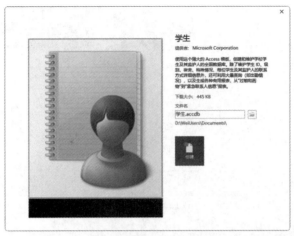

图 2-7　设置数据库的文件名和存储路径

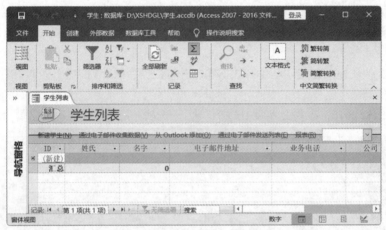

图 2-8　默认以窗体视图的形式打开"学生列表"数据表

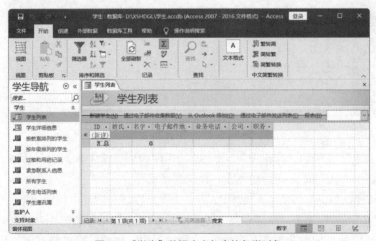

图 2-9　"学生"数据库中包含的各类对象

2．打开和关闭数据库

数据库创建好后，就可以对其进行基本操作。数据库的基本操作包括数据库的打开和关闭，

< 10 >

这些操作对学习数据库来说是必不可少的。

（1）打开数据库

当用户要使用已创建的数据库时，要先将其打开，这是最基本的操作。在Access中打开数据库有3种方法：第1种是从最近使用的文档列表中打开数据库；第2种是使用"文件"选项卡中的"打开"命令来打开数据库；第3种是直接在存放数据库的文件夹中双击扩展名为".accdb"的数据库文件来打开数据库。

【实验2.3】使用最近使用的文档列表，打开D盘下"XSHDGL"文件夹中的"学生活动管理"数据库，具体操作步骤如下。

① 启动Access 2016，因为曾经打开过数据库"学生活动管理.accdb"和"学生.accdb"，所以这两个数据库出现在最近使用的文档列表中，如图2-10所示。

图 2-10 最近使用的文档列表中出现了最近使用的数据库

② 在最近使用的文档列表中选择"学生活动管理.accdb"选项，即可打开该数据库。

【实验2.4】使用"文件"选项卡中的"打开"命令，打开D盘下"XSHDGL"文件夹中的"学生活动管理"数据库，具体操作步骤如下。

① 启动Access 2016，执行其中的"打开"命令，打开数据库选择窗口，如图2-11所示。

图 2-11 数据库选择窗口

< 11 >

② 选择"浏览"选项，打开"打开"对话框，在该对话框中找到D盘下的"XSHDGL"文件夹并将其打开，如图2-12所示。

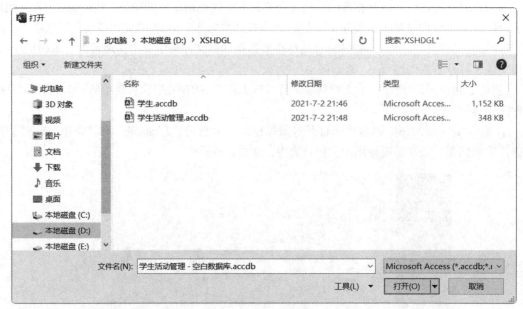

图 2-12 "打开"对话框

③ 选中数据库文件"学生活动管理.accdb"，然后单击"打开"按钮，即可打开该数据库。

（2）关闭数据库

当完成数据库操作后，需要将数据库关闭。关闭数据库通常有以下几种方法。

① 单击Access操作界面右上角的"关闭"按钮█。

② 双击Access操作界面的左上角。

③ 单击Access操作界面的左上角，从弹出的菜单中执行"关闭"命令。

④ 按Alt+F4组合键。

⑤ 单击Access操作界面中的"文件"选项卡，从弹出的菜单中执行"关闭"命令。

2.2 表的创建实验

当创建好空数据库后，需要先建立表和表之间的关系，并向表中输入数据，然后根据需要逐步创建其他数据库对象，最终得到一个完整的数据库。

1．创建表

创建表其实就是构建表的结构，即定义一张表中各个字段的字段名称、数据类型和字段属性等。创建表的方法主要有两种：一种是使用数据表视图来创建；另一种是使用设计视图来创建。

（1）使用数据表视图来创建表

数据表视图是Access中经常使用的视图，它用行和列来显示表中的数据。在该视图中可以进

< 12 >

行字段的添加、编辑和删除，也可以进行记录的添加、编辑和删除，还可以进行数据的查找和筛选。

【实验2.5】在实验2.1创建的"学生活动管理"数据库中创建"学院信息表"。"学院信息表"的结构如表2-1所示。

实验2.5

表2-1   **"学院信息表"的结构**

字段名称	数据类型	字段大小	字段名称	数据类型	字段大小
学院编号	短文本	20个字符	学院名称	短文本	50个字符

创建"学院信息表"的具体操作步骤如下。

① 打开实验2.1创建的"学生活动管理"数据库，单击"创建"选项卡"表格"组中的"表"按钮，创建名为"表1"的新表，并以数据表视图的形式将其打开。

② 选中"ID"字段，在"表格工具→字段"选项卡的"属性"组中单击"名称和标题"按钮，如图2-13所示。

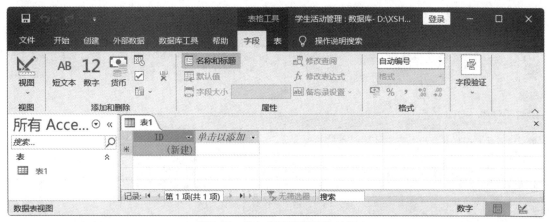

图2-13 单击"名称和标题"按钮

③ 打开"输入字段属性"对话框，在该对话框的"名称"文本框中输入"学院编号"，如图2-14所示，然后单击"确定"按钮。

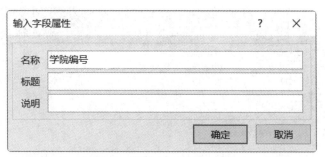

图2-14 "输入字段属性"对话框

④ 选中"学院编号"字段，从"表格工具→字段"选项卡"格式"组中的"数据类型"下拉列表中选择"短文本"选项，在"属性"组的"字段大小"文本框中输入"20"，设置字段的数据类型及大小，如图2-15所示。

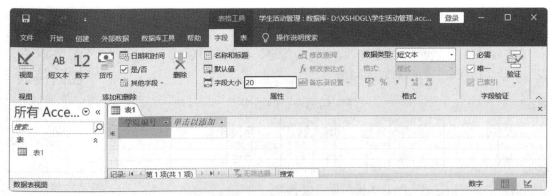

图 2-15　设置字段的数据类型及大小

⑤ 单击"单击以添加"右侧的下拉按钮，从打开的下拉列表中选择"短文本"选项，此时Access会自动将新字段命名为"字段1"。将"字段1"改为"学院名称"，在"属性"组的"字段大小"文本框中输入"100"，如图2-16所示。

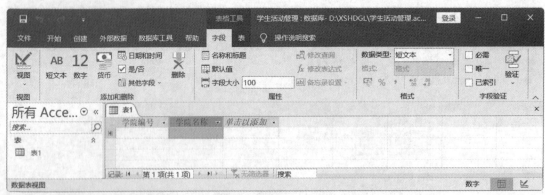

图 2-16　命名新字段并设置其大小

⑥ 单击快速访问工具栏中的"保存"按钮🖫，在打开的"另存为"对话框中的"表名称"文本框中输入"学院信息表"，单击"确定"按钮，使用数据表视图创建表的效果如图2-17所示。

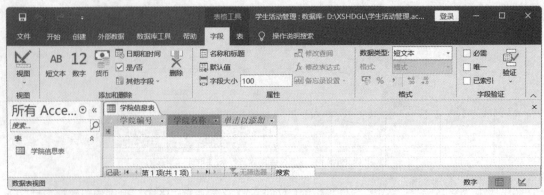

图 2-17　使用数据表视图创建表的效果

（2）使用设计视图来创建表

在使用设计视图创建表时，可以更加详细地设置每个字段的属性。

< 14 >

【实验2.6】在"学生活动管理"数据库中创建"班级信息表"。"班级信息表"的结构如表2-2所示。

表2-2 "班级信息表"的结构

字段名称	数据类型	字段大小	字段名称	数据类型	字段大小
班级编号	短文本	20个字符	学院编号	短文本	20个字符
班级名称	短文本	100个字符	—	—	—

创建"班级信息表"的具体操作步骤如下。

① 打开实验2.5更新后的"学生活动管理"数据库，单击"创建"选项卡"表格"组中的"设计"按钮，进入表设计视图，其中默认创建了名为"表1"的新表，如图2-18所示。

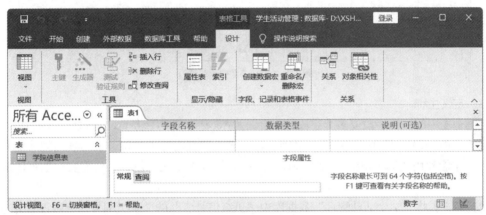

图 2-18 表设计视图创建的新表

② 单击表设计视图中"字段名称"列第1行的输入框，在其中输入"班级编号"；单击"数据类型"列第1行的输入框，此时Access会自动在其中填入默认值"短文本"（如果需要更改该字段的数据类型，那么可以单击输入框右侧的下拉按钮，从下拉列表中选择其他数据类型；此处保留默认值"短文本"）；在"说明"列第1行的输入框中输入说明信息"主键"（说明信息不是必需的，但是它可以增强数据的可读性）；在"字段属性"区的"常规"选项卡中设置"字段大小"的值为"20"。"班级编号"字段的设计如图2-19所示。

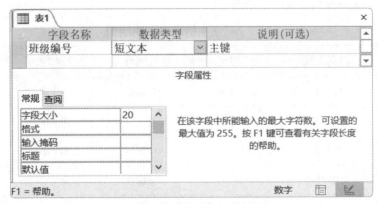

图 2-19 "班级编号"字段的设计

< 15 >

③ 参考步骤②，按照表2-2所示的字段名称、数据类型和字段大小等信息定义表中的其他字段，"班级信息表"的设计效果如图2-20所示。

④ 单击快速访问工具栏中的"保存"按钮，在打开的"另存为"对话框中的"表名称"文本

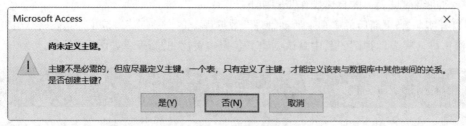

图 2-20　"班级信息表"的设计效果

框中输入"班级信息表"，单击"确定"按钮。由于尚未定义此表的主键，因此会弹出定义主键提示对话框，如图2-21所示。在本实验中，单击"否"按钮。

图 2-21　定义主键提示对话框

（3）定义主键

主键是表中的一个字段或多个字段的组合，为Access中的每一条记录提供唯一的标识符。定义主键的目的是保证表中的记录能够被唯一地标志。只有定义了主键，表与表之间才能建立联系，用户才能利用查询、窗体和报表快捷地查找和组合多个表的信息，从而实现数据库的主要功能。

【实验2.7】将"学生活动管理"数据库中"班级信息表"的"班级编号"字段设置为主键，具体操作步骤如下。

① 打开实验2.6更新后的"学生活动管理"数据库。在表名称列表中选中"班级信息表"后单击鼠标右键，在弹出的快捷菜单中执行"设计视图"命令，打开设计视图。

② 选中"班级编号"字段，单击"表格工具→设计"选项卡"工具"组中的"主键"按钮，此时"班级编号"字段的左侧显示"主键"图标，表明该字段为主键。

【实验2.8】打开实验2.7更新后的"学生活动管理"数据库，创建"学生信息表""管理员信息表""项目信息表""学生参与活动信息表""奖惩信息表"，具体操作步骤可参考实验2.5和实验2.6。这5张表的结构分别如表2-3～表2-7所示。

表2-3　　　　　　　　　　　　　　　　"学生信息表"的结构

字段名称	数据类型	字段大小	字段名称	数据类型	字段大小
学号	短文本	20个字符	政治面貌	短文本	10个字符
姓名	短文本	20个字符	家庭地址	短文本	200个字符
性别	短文本	10个字符	入学年份	短文本	10个字符
出生日期	日期/时间	—	班级编号	短文本	20个字符

< 16 >

表2-4   "管理员信息表"的结构

字段名称	数据类型	字段大小	字段名称	数据类型	字段大小
管理员编号	短文本	20个字符	职称	短文本	10个字符
姓名	短文本	20个字符	出生日期	日期/时间	—
性别	短文本	10个字符	学院编号	短文本	20个字符
政治面貌	短文本	10个字符	—	—	—

表2-5   "项目信息表"的结构

字段名称	数据类型	字段大小	字段名称	数据类型	字段大小
项目编号	短文本	20个字符	时间	日期/时间	—
项目类型	短文本	40个字符	地点	短文本	100个字符
项目内容	短文本	200个字符	每人加分值	数字（整型）	—

表2-6   "学生参与活动信息表"的结构

字段名称	数据类型	字段大小	字段名称	数据类型	字段大小
序号	自动编号型	—	项目编号	短文本	20个字符
学号	短文本	20个字符	—	—	—

表2-7   "奖惩信息表"的结构

字段名称	数据类型	字段大小	字段名称	数据类型	字段大小
序号	自动编号型	—	奖励	短文本	50个字符
学号	短文本	20个字符	惩处	短文本	50个字符
事件	短文本	400个字符	—	—	—

2. 设置字段属性

字段属性用来说明字段的特性，设置字段的属性可以定义数据的保存、处理或显示方式。在表设计视图中，"字段属性"中的属性是针对具体字段的。例如，要修改某个字段的属性，需要先选中该字段，然后对"字段属性"区中该字段的属性进行设置或修改。

（1）字段大小

"字段大小"属性用于限制字段数据的最大长度。当输入数据的长度超过字段的大小时，Access将会拒绝接收该数据。"字段大小"属性只适用于数据类型为短文本、数字、自动编号的字段。数字型字段和自动编号型字段的"字段大小"属性只能在设计视图中设置。

【实验2.9】在"学生活动管理"数据库中，将"学生信息表"中"家庭地址"字段的"字段大小"属性设置为最大值，具体操作步骤如下。

① 打开实验2.8更新后的"学生活动管理"数据库，在表名称列表中选中"学生信息表"后单击鼠标右键，在弹出的快捷菜单中执行"设计视图"命令，打开设计视图。

② 选择"家庭地址"字段，此时在"字段属性"中显示该字段的所有属性。因为该字段的

< 17 >

数据类型为短文本型，其"字段大小"属性的最大值是255，所以单击"字段大小"文本框，输入"255"，设置"字段大小"属性，如图2-22所示。

（2）格式

"格式"属性只影响数据的显示格式。例如，可以将"出生日期"字段的显示格式设置为"××××-××-××"。

【实验2.10】将"学生活动管理"数据库中"学生信息表"中的"出生日期"字段的"格式"属性设置为"短日期"，具体操作步骤如下。

① 打开实验2.9更新后的"学生活动管理"数据库，在表名称列表中选中"学生信息表"后单击鼠标右键，在弹出的快捷菜单中执行"设计视图"命令，打开设计视图。

② 选择"出生日期"字段，单击"格式"文本框，然后单击其右侧的下拉按钮，从弹出的下拉列表中选择"短日期"选项。设置"格式"属性如图2-23所示。

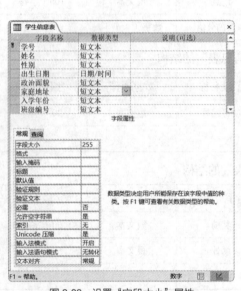

图2-22 设置"字段大小"属性

图2-23 设置"格式"属性

"格式"属性可以使数据的显示格式统一、美观，但是"格式"属性只影响数据的显示格式，并不影响数据的内容，而且显示格式只有在输入的数据被保存后才能应用。如果需要控制数据的输入格式并将其按输入时的格式显示，可以通过设置"输入掩码"属性来实现。

（3）输入掩码

有一些数据有相对固定的书写格式，可以为其设置一个输入掩码，将格式中不变的内容固定，此后在输入数据时只需要输入变化的值即可。文本、数字、日期/时间、货币数据类型的字段，都可以设置输入掩码。

【实验2.11】将"学生活动管理"数据库中"学生信息表"中的"出生日期"字段的输入掩码属性设置为"短日期"，具体操作步骤如下。

① 打开实验2.10更新后的"学生活动管理"数据库，使用设计视图打开"学生信息表"。

② 选择"出生日期"字段，单击"输入掩码"文本框，然后单击右侧的"生成器"按钮，打开"输入掩码向导"对话框，如图2-24所示。

③ 在该对话框的"输入掩码"列表框中选择"短日期"选项，然后单击"下一步"按钮，

< 18 >

打开"输入掩码向导"的第2个对话框，如图2-25所示。

图 2-24 "输入掩码向导"对话框　　　　图 2-25 "输入掩码向导"的第 2 个对话框

④ 在该对话框中确定输入的掩码和占位符，然后单击"下一步"按钮，打开"输入掩码向导"的最后一个对话框，单击"完成"按钮。设置"输入掩码"属性的结果如图2-26所示。

图 2-26 设置"输入掩码"属性的结果

需要特别注意的是，如果为某个字段设置了"输入掩码"属性，同时又设置了"格式"属性，在数据显示时，"格式"属性的设置将优先于输入掩码属性的设置。也就是说，即使已经设置了输入掩码，数据仍会按格式属性的设置显示，输入掩码将被忽略。

（4）默认值

在Access数据表中，常常会有一些字段的数据内容相同或者包含相同的部分，此时可以将出现频率较高的值设置为字段的默认值，以减少数据输入工作量。

【实验2.12】将"学生活动管理"数据库中"学生信息表"中的"性别"字段的"默认值"属性设置为"男"，具体操作步骤如下。

① 打开实验2.11更新后的"学生活动管理"数据库，使用设计视图打开"学生信息表"。

< 19 >

② 选择"性别"字段，单击"默认值"文本框，输入""男""，设置"默认值"属性，如图2-27所示。

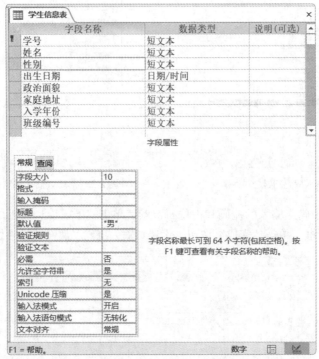

图 2-27　设置"默认值"属性

在为某个字段设置了默认值后，当插入新记录时，Access会将该默认值显示在相应的字段中，如图2-28所示。用户可以直接使用默认值，也可以输入新的值来取代默认值。值得注意的是，为字段设置的默认值必须与字段的数据类型匹配，否则会出错。

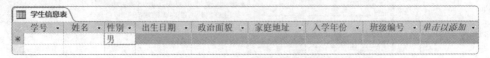

图 2-28　插入新记录时"性别"字段中显示默认值

（5）验证规则

验证规则是指在向表中输入数据时应该遵循的约束条件，它的形式及设置目的因字段的数据类型而异。例如，对于短文本型字段，验证规则可以设置为输入的字符个数不能超过某个值；对于数字型字段，验证规则可以设置为输入数据的范围；对于日期/时间型字段，验证规则可以设置为输入日期的月份或年份范围。

【实验2.13】将"学生活动管理"数据库中"项目信息表"中的"每人加分值"字段的"验证规则"属性设置为">0 And <=10"，具体操作步骤如下。

① 打开实验2.12更新后的"学生活动管理"数据库，使用设计视图打开"项目信息表"。

② 选择"每人加分值"字段，单击"验证规则"文本框，输入表达式">0 And <=10"；单击"默认值"文本框，输入"3"。设置"验证规则"和"默认值"如图2-29所示。

< 20 >

图 2-29　设置"验证规则"和"默认值"

③ 设置了字段的验证规则后，向表中输入数据时，如果输入的数据不符合验证规则，那么 Access将显示提示信息，而且光标将停留在该字段所在的位置，直到输入的数据符合相应的验证规则为止。例如，在本实验中输入"每人加分值"为"0"，那么Access将打开图2-30所示的提示对话框。

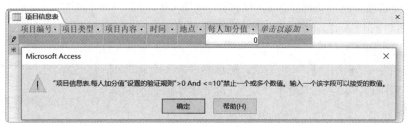

图 2-30　提示对话框

（6）验证文本

当输入的数据违反验证规则时，Access将显示提示信息，但是这种提示信息不够清晰明确，用户可以自己设置验证文本来加以改进。

【实验2.14】将"学生活动管理"数据库中"项目信息表"中的"每人加分值"字段的"验证文本"属性设置为"加分值必须大于0且小于等于10！"，具体操作步骤如下。

① 打开实验2.13更新后的"学生活动管理"数据库，使用设计视图打开"项目信息表"。

② 选择"每人加分值"字段，单击"验证文本"文本框，输入文本"加分值必须大于0且小于等于10！"。保存设置后，切换到数据表视图，添加一条记录，在"每人加分值"字段中输入"0"，然后按Enter键，Access将弹出提示对话框。测试设置的验证文本效果如图2-31所示。

（7）索引

在Access的数据库中，使用索引可以根据键值加快数据查找和排序的速度，并且能对表中的记录实施唯一性索引。

< 21 >

图 2-31 测试设置的验证文本效果

【实验2.15】为"学生活动管理"数据库的"学生信息表"创建索引，索引字段为"性别"，具体操作步骤如下。

① 打开实验2.14更新后的"学生活动管理"数据库，使用设计视图打开"学生信息表"。

② 选择"性别"字段，从"索引"属性的下拉列表中选择"有（有重复）"选项。

如果经常需要同时搜索或为多个字段排序，那么可以创建多字段索引。在使用多字段索引进行排序时，首先使用定义在索引中的第1个字段进行排序；如果第1个字段中有重复值，那么使用索引中的第2个字段进行排序，以此类推。

【实验2.16】为"学生活动管理"数据库的"学生信息表"创建多字段索引，索引字段包括"学号""性别""出生日期"，具体操作步骤如下。

① 打开实验2.14更新后的"学生活动管理"数据库，使用设计视图打开"学生信息表"，单击"表格工具→设计"选项卡"显示/隐藏"组中的"索引"按钮，打开索引对话框。

② 在"索引名称"列第1行中输入要设置的索引名称"学号"（可以以第1个字段的名称作为索引名称，也可以使用其他名称），在"字段名称"列中选择用于索引的第1个字段"学号"。

③ 在第2行中，"索引名称"列不填，然后在"字段名称"列中选择用于索引的第2个字段"性别"。

④ 在第3行中，"索引名称"列不填，然后在"字段名称"列中选择用于索引的第3个字段"出生日期"。设置多字段索引的结果如图2-32所示。

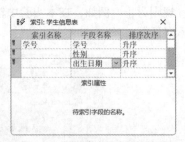

图 2-32 设置多字段索引的结果

3. 建立及编辑表间关系

在Access的数据库中，常常需要建立表间关系，以便更好地管理和使用表中的数据。

（1）建立表间关系

【实验2.17】定义"学生活动管理"数据库中已存在的表间关系。

① 打开实验2.14更新后的"学生活动管理"数据库，单击"数据库工具"选项卡，接着单击"关系"组中的"关系"按钮，打开"关系"界面，此时会打开"显示表"对话框。如果在操作过程中关闭了"显示表"对话框，需要将其重新打开，可以单击"关系工具→关系设计"选项卡"关系"组中的"添加表"按钮，打开"显示表"对话框。

实验2.17

② 在"显示表"对话框中，依次双击"学院信息表""班级信息表""学生信息表""管理员信息表""项目信息表""学生参与活动信息表""奖惩信息表"。

③ 单击"关闭"按钮 ×，关闭"显示表"对话框。

④ 选中"学生信息表"中的"班级编号"字段，然后按住鼠标左键将其拖到"班级信息表"

< 22 >

的"班级编号"字段上，松开鼠标，此时会打开图2-33所示的"编辑关系"对话框。

⑤ 勾选"实施参照完整性"复选框，然后单击"创建"按钮。

⑥ 使用相同方法，将"管理员信息表"中的"学院编号"字段拖到"学院信息表"中的"学院编号"字段上，将"班级信息表"中的"学院编号"字段拖到"学院信息表"中的"学院编号"字段上，将"学生参与活动信息表"中的"学号"字段拖到"学生信息表"中的"学号"字段上，将

图 2-33 "编辑关系"对话框

"学生参与活动信息表"中的"项目编号"字段拖到"项目信息表"中的"项目编号"字段上，将"奖惩信息表"中的"学号"字段拖到"学生信息表"中的"学号"字段上，建立的表间关系如图2-34所示。

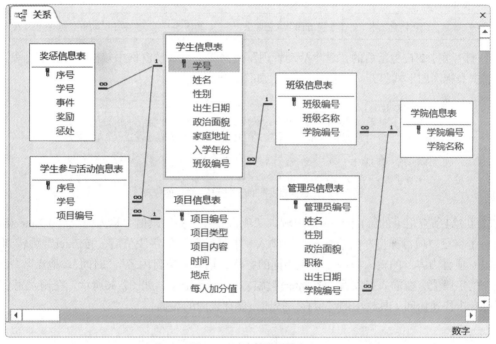

图 2-34 建立的表间关系

⑦ 单击"关闭"按钮，此时会打开对话框询问是否保存对"关系"布局的更改，单击"是"按钮。

（2）编辑表间关系

建立好表间关系后，可以根据需要编辑表间关系，如删除不需要的表间关系，具体操作步骤如下。

① 关闭所有已打开的表，单击"数据库工具"选项卡"关系"组中的"关系"按钮，打开"关系"界面。

② 如果要删除两个表之间的关系，先单击要删除的关系线，然后单击鼠标右键，从弹出的快捷菜单中执行"删除"命令；如果要更改两个表之间的关系，可从弹出的快捷菜单中执行"编辑关系"命令，此时会打开"编辑关系"对话框。如果要清除"关系"界面中的设置，可单击"关

< 23 >

系工具→关系设计"选项卡的"工具"组中的"清除布局"按钮。

4．向表中输入数据

在Access中，有多种方式可以向表中输入数据。下面将重点介绍使用数据表视图输入数据、使用查阅列表输入数据以及获取外部数据的方法。

（1）使用数据表视图输入数据

【实验2.18】将表2-8所示的数据输入"学生活动管理"数据库的"项目信息表"中，具体操作步骤如下。

表2-8　　　　　　　　　　　　　"项目信息表"的部分内容

项目编号	项目类型	项目内容	时间	地点	每人加分值
201900006	学术科技与创新创业	2019年浙江省大学生程序设计竞赛	2019-4-29	线上竞赛	5
201900007	文化体育艺术	"五四"文艺晚会	2019-5-4	大学生活动中心	6

① 打开实验2.17更新后的"学生活动管理"数据库，在导航窗格中双击"项目信息表"，即可以数据表视图的形式打开"项目信息表"，如图2-35所示。

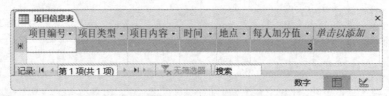

图 2-35　以数据表视图的形式打开"项目信息表"

② 在第1条空记录的第1个输入框中输入"项目编号"的字段值，输入完成后按Enter键跳转到下一个字段"项目类型"的输入框中；输入"项目类型"的字段值后，按Enter键跳转到下一个字段"项目内容"的输入框中。使用相同的方法，输入"项目内容""时间""地点""每人加分值"的字段值。在输入完成后，按Enter键跳转到下一条记录，如图2-36所示。在输入完全部记录后，单击快速访问工具栏中的"保存"按钮，保存表中的数据。

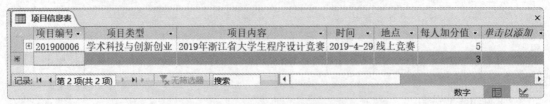

图 2-36　输入完成后按 Enter 键跳转到下一条记录

（2）使用查阅列表输入数据

通常情况下，Access数据表中的字段值大多来自手动输入的数据，或从其他数据源导入的数据。如果某个字段值是一组固定数据，例如"管理员信息表"中的"职称"字段值可以为"助教""讲师""副教授""教授"等，那么手动输入字段值比较麻烦且容易出错。此时，可以将这组固定值设置为一个列表，从列表中选择相应的选项来实现数据的输入，这样不但可以大大提高输入效率，而且可以避免输入错误。

在Access中，有两种方法可以创建查阅列表：一种是使用向导；另一种是通过"查阅"选项卡。

< 24 >

【**实验2.19**】使用向导为"学生活动管理"数据库中"管理员信息表"的"职称"字段创建查阅列表,列表中显示"助教""讲师""副教授""教授"4个字段值,具体操作步骤如下。

① 打开实验2.17更新后的"学生活动管理"数据库,使用设计视图打开"管理员信息表",选择"职称"字段。

② 在"数据类型"列的下拉列表中选择"查阅向导"选项,打开"查阅向导"对话框,如图2-37所示。

③ 在该对话框中,选中"自行键入所需的值"单选按钮,然后单击"下一步"按钮,打开"查阅向导"的第2个对话框。

④ 在"第1列"的下方依次输入"助教""讲师""副教授""教授"4个字段值,每输入完一个值后按↓键跳转至下一行,列表的设置结果如图2-38所示。

图 2-37 "查阅向导"对话框

图 2-38 列表的设置结果

⑤ 单击"下一步"按钮,打开"查阅向导"的最后一个对话框。在该对话框的"请为查阅列表指定标签"文本框中输入查阅列表的名称,本实验使用默认值"职称",直接单击"完成"按钮。

⑥ 在设置完"职称"字段的查阅列表后,切换到"管理员信息表"的数据表视图,可以看到"职称"字段的输入框右侧出现下拉按钮。单击该下拉按钮,会弹出一个下拉列表,其中列出了"助教""讲师""副教授""教授"4个字段值。"职称"字段的列表效果如图2-39所示。

图 2-39 "职称"字段的列表效果

【**实验2.20**】在"查阅"选项卡中,为"学生活动管理"数据库中"管理员信息表"的"性别"字段设置查阅列表,列表中显示"男"和"女"两个字段值,具体操作步骤如下。

① 打开实验2.19更新后的"学生活动管理"数据库,使用设计视图打开"管理员信息表",选择"性别"字段。

② 在"字段属性"内单击"查阅"选项卡。

③ 单击"显示控件"文本框右侧的下拉按钮,从打开的下拉列表中选择"列表框"选项;单击"行来源类型"文本框右侧的下拉按钮,从打开的下拉列表中选择"值列表"选项;在"行

< 25 >

来源"文本框中输入""男";"女""。列表参数的设置结果如图2-40所示。

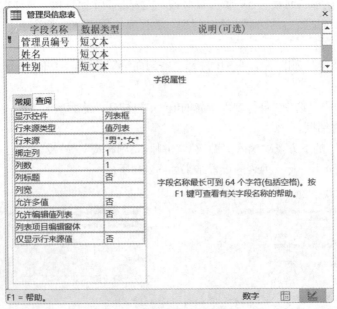

图 2-40　列表参数的设置结果

　　需要注意的是，"行来源类型"属性值必须为"值列表"或"表/查询"，"行来源"属性值必须包含值列表或查询。

　　④ 在设置完"性别"字段的查阅列表后，切换到"管理员信息表"的数据表视图，可以看到"性别"字段的文本框右侧出现下拉按钮。单击该下拉按钮，会打开一个下拉列表，其中列出了"男"和"女"两个字段值。"性别"字段的列表效果如图2-41所示。

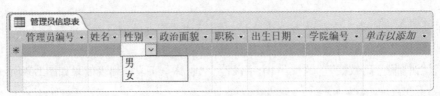

图 2-41　"性别"字段的列表效果

（3）获取外部数据

　　在Access中，可以通过导入操作将外部数据添加到当前数据库中。Access支持导入Excel文档、文本文件、HTML文档、XML文件和其他Access支持的外部数据。

实验2.21

　　【实验2.21】将Excel文档"学院信息表.xlsx""班级信息表.xlsx""学生信息表.xlsx""管理员信息表.xlsx""项目信息表.xlsx""学生参与活动信息表.xlsx""奖惩信息表.xlsx"导入"学生活动管理"数据库中，具体操作步骤如下。

　　① 打开实验2.20更新后的"学生活动管理"数据库，单击"外部数据"选项卡"导入并链接"组中的"新数据"按钮，从下拉列表中选择"从文件"中的"Excel"选项，用于导入Excel文档，此时会打开"获取外部数据-Excel电子表格"对话框。

　　② 在该对话框中单击"浏览"按钮，打开"打开"对话框，找到并选中要导入的Excel文档"学院信息表.xlsx"，然后单击"打开"按钮，返回"获取外部数据-Excel电子表格"对话框，选

< 26 >

中"向表中追加一份记录的副本"单选按钮，并在其右侧的下拉列表中选择"学院信息表"选项。
该对话框中的设置效果如图2-42所示。

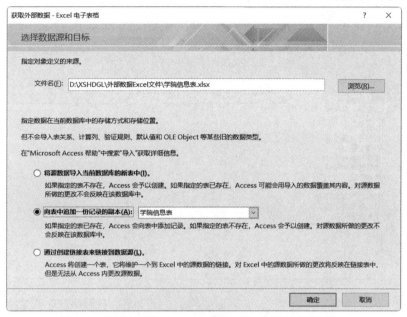

图 2-42 "获取外部数据 -Excel 电子表格"对话框中的设置效果

③ 单击"确定"按钮，打开"导入数据表向导"对话框，如图2-43所示。

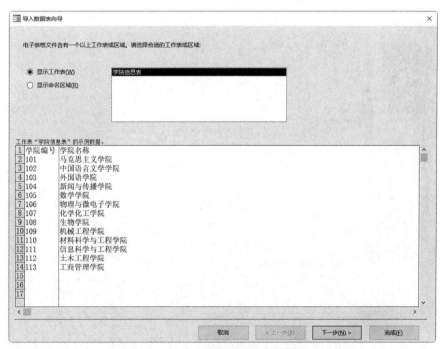

图 2-43 "导入数据表向导"对话框

④ 单击"下一步"按钮，打开"导入数据表向导"的第2个对话框，如图2-44所示。

< 27 >

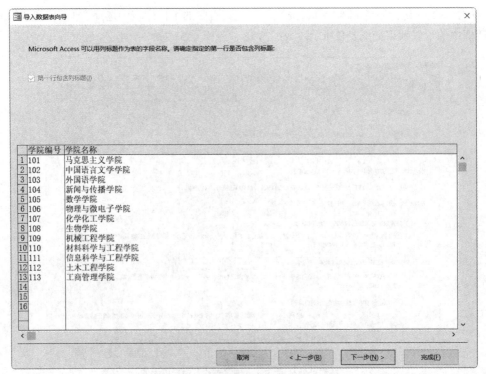

图 2-44 "导入数据表向导"的第 2 个对话框

⑤ 单击 "下一步"按钮，打开 "导入数据表向导"的第3个对话框，如图2-45所示。

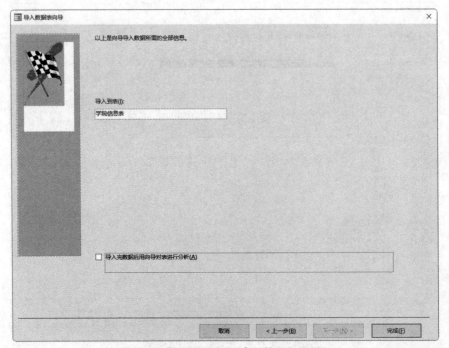

图 2-45 "导入数据表向导"的第 3 个对话框

⑥ 单击 "完成"按钮，完成数据导入操作。以数据表视图的形式打开 "学院信息表"，可以看到表中已经导入了Excel文档 "学院信息表.xls"中的数据，如图2-46所示。

< 28 >

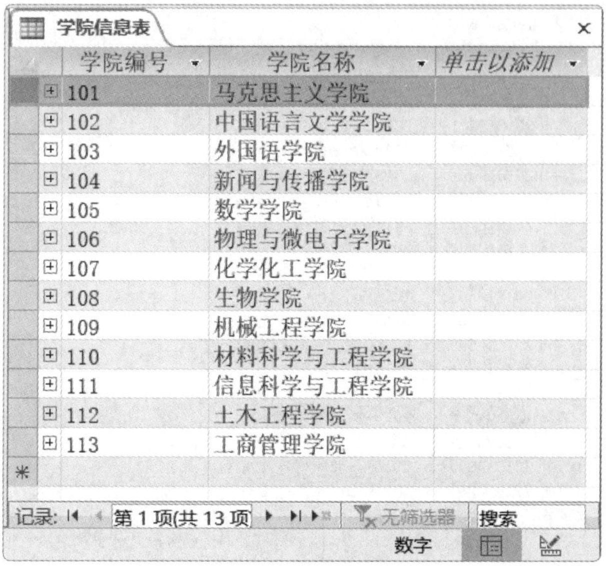

学院信息表

学院编号	学院名称	单击以添加
101	马克思主义学院	
102	中国语言文学学院	
103	外国语学院	
104	新闻与传播学院	
105	数学学院	
106	物理与微电子学院	
107	化学化工学院	
108	生物学院	
109	机械工程学院	
110	材料科学与工程学院	
111	信息科学与工程学院	
112	土木工程学院	
113	工商管理学院	

记录: 第 1 项(共 13 项) 无筛选器 搜索

数字

图 2-46 “学院信息表”中导入的“学院信息表.xlsx”中的数据

⑦ 参考步骤①~步骤⑥，将“班级信息表.xlsx”“学生信息表.xlsx”“管理员信息表.xlsx”“项目信息表.xlsx”“学生参与活动信息表.xlsx”“奖惩信息表.xlsx”中的数据导入“学生活动管理”数据库中。

2.3 表的维护实验

最初创建的数据表可能不够完善、无法充分满足实际需求，用户可以在后期根据实际需要对数据表进行维护，包括修改表的结构、编辑表的内容和调整表的格式等。

1. 修改表的结构

修改表结构主要包括添加字段、修改字段、删除字段和重新设置主键等操作。其中，前3项操作既可以在设计视图中进行，也可以在数据表视图中进行；重新设置主键的操作只能在设计视图中进行。

2. 编辑表的内容

为了维护数据表，用户常常需要编辑表中的内容，主要包括定位记录、选择记录、添加记录、删除记录、修改数据和复制数据等操作。

【实验2.22】将光标定位到“学生活动管理”数据库中“班级信息表”的第15条记录上，具体操作步骤如下。

① 打开实验2.21更新后的“学生活动管理”数据库，用数据表视图打开“班级信息表”。

② 在记录导航条的“当前记录”文本框中输入记录号“15”，按Enter键，此时光标将定位到第15条记录上，如图2-47所示。

图 2-47　定位到指定记录

3．调整表的格式

调整表格式是为了使表更美观，主要操作包括改变字段显示次序、调整字段显示高度、调整字段显示宽度、隐藏列、显示隐藏的列、冻结列、设置数据表格式和改变文字样式等。

（1）改变字段显示次序

默认情况下，Access数据表中字段的显示次序与它们在表或查询中创建的次序一致。但是有时要改变字段的显示次序，以满足查看数据的需要。

【实验2.23】将"学生活动管理"数据库中"学生信息表"中的"入学年份"字段移动到"政治面貌"字段前面，具体操作步骤如下。

① 打开实验2.21更新后的"学生活动管理"数据库，用数据表视图打开"学生信息表"。

② 单击"入学年份"字段的字段选定器以选中该字段，按住鼠标左键拖动选中的字段到"政治面貌"字段前面，松开鼠标左键。改变字段显示次序前后的效果分别如图2-48和图2-49所示。

图 2-48　改变字段显示次序前的效果

< 30 >

图 2-49　改变字段显示次序后的效果

需要注意的是，改变字段显示次序不会改变表设计视图中字段的排列顺序，而仅改变字段在数据表视图中的显示次序。

（2）调整字段显示高度

字段显示高度可以使用鼠标调整，也可以通过相关命令调整。

（3）调整字段显示宽度

字段显示宽度可以使用鼠标调整，也可以通过相关命令调整。

（4）隐藏列

在数据表视图中，为了方便查看主要数据，可以将不需要的字段列暂时隐藏，当需要的时候将其重新显示。

【实验2.24】将"学生活动管理"数据库中"学生信息表"中的"家庭地址"字段列隐藏，具体操作步骤如下。

① 打开实验2.21更新后的"学生活动管理"数据库，用数据表视图打开"学生信息表"。

② 单击"家庭地址"字段列的字段选定器。如果要一次隐藏多个字段，可以先单击要隐藏的第一个字段的字段选定器，然后按住Shift键并单击要隐藏的最后一个字段的字段选定器，此时第一个字段、最后一个字段及两者之间的字段都会被选中。

③ 单击鼠标右键，从弹出的快捷菜单中执行"隐藏字段"命令，此时选中的字段都会被隐藏。

（5）显示隐藏的列

在需要的时候，可以将隐藏的列重新显示出来。

【实验2.25】将"学生活动管理"数据库中"学生信息表"中的"家庭地址"字段重新显示出来，具体操作步骤如下。

① 打开实验2.24更新后的"学生活动管理"数据库，用数据表视图打开"学生信息表"。

② 单击任一字段的字段选定器，然后单击鼠标右键，从弹出的快捷菜单中执行"取消隐藏字段"命令，打开"取消隐藏列"对话框。

③ 在"取消隐藏列"对话框的"列"列表框中勾选要显示的列对应的复选框，单击"关闭"按钮，隐藏的列会显示出来。

（6）冻结列

当创建的表包含很多字段时，某些字段必须滚动水平滚动条才能看到。如果希望始终都能看到某些字段，可以将其冻结。当水平滚动数据表时，这些字段会在窗口中固定不动。

【实验2.26】将"学生活动管理"数据库中"学生信息表"中的"姓名"字段冻结，具体操

< 31 >

作步骤如下。

① 打开实验2.21更新后的"学生活动管理"数据库，用数据表视图打开"学生信息表"。

② 单击"姓名"字段的字段选定器以选定该字段，然后单击鼠标右键，从弹出的快捷菜单中执行"冻结字段"命令，此时"姓名"字段出现在最左边。当水平滚动数据表时，该字段始终显示在窗口的最左侧。冻结"姓名"字段列后的数据表如图2-50所示。

姓名	学号	性别	出生日期	政治面貌	家庭地址	入学年份	班级编号
曹尔乐	20181010101	男	2001-4-29	群众	湖南省永州市祁阳县	2018	201810101
曹艳梅	20181010102	女	2001-11-16	群众	湖南省衡阳市雁峰区	2018	201810101
吴晓玉	20181010103	女	2001-6-19	团员	湖南省衡阳市衡南县	2018	201810101
谁茹	20181010104	女	2002-4-24	团员	江苏省淮安市盱眙县	2018	201810101
曹卓	20181010105	男	2001-6-9	群众	云南省昭通市巧家县	2018	201810101
牛雪瑞	20181010106	女	2001-1-3	团员	山东省潍坊市寿光市	2018	201810101
吴鸿腾	20181010107	男	2002-2-26	群众	湖南省永州市道县	2018	201810101
仇新	20181010108	男	2002-3-2	群众	湖南省湘西土家族苗族自治州吉首市	2018	201810101
杜佳毅	20181010109	女	2001-12-11	团员	湖南省郴州市临武县	2018	201810101
付琴	20181010110	女	2002-4-20	群众	贵州省贵阳市白云区	2018	201810101

记录：第1项(共904项) 无筛选器 搜索

图2-50 冻结"姓名"字段列后的数据表

如果要取消冻结列操作，只需在任一字段的字段选定器上单击鼠标右键，从弹出的快捷菜单中执行"取消冻结所有字段"命令即可。

（7）设置数据表格式

默认情况下，在数据表视图中的水平和垂直方向会显示网格线，并且网格线的颜色、背景色和替代背景色都使用系统默认的颜色。用户可以根据需要对数据表格式进行设置，具体操作步骤如下。

① 用数据表视图打开要设置格式的表。

② 在"开始"选项卡的"文本格式"组中单击"网格线"按钮，从打开的下拉列表中选择所需的网格线，网格线样式如图2-51所示。单击"文本格式"组右下角的"设置数据表格式"按钮，打开"设置数据表格式"对话框，如图2-52所示。

图2-51 网格线样式

图2-52 "设置数据表格式"对话框

③ 在"设置数据表格式"对话框中，根据需要对单元格效果、网格线显示方式、背景色、替代背景色、网格线颜色、边框和线型及方向进行设置，完成后单击"确定"按钮。

（8）改变文字样式

为了更加美观、醒目地显示数据，用户可以根据需要改变数据表中文字的字体、字形、字号

< 32 >

和颜色。

【实验2.27】将"学生活动管理"数据库中"学生信息表"中文字的字体改为楷体，字号改为12，字形改为加粗，颜色改为橙色，具体操作步骤如下。

① 打开实验2.21更新后的"学生活动管理"数据库，用数据表视图打开"学生信息表"。

② 在"开始"选项卡的"文本格式"组中单击"字体"下拉按钮，从打开的下拉列表中选择"楷体"选项；单击"字号"下拉按钮，从弹出的下拉列表中选择"12"选项；单击"加粗"按钮；单击"字体颜色"下拉按钮，从弹出的下拉列表中选择"标准色"组中的"深红"选项。改变文字样式后的效果如图2-53所示。

学号	姓名	性别	出生日期	政治面貌	家庭地址	入学年份	班级编号
20181010101	曹尔乐	男	2001-4-29	群众	湖南省永州市祁阳县	2018	201810101
20181010102	曹艳梅	女	2001-11-16	群众	湖南省衡阳市雁峰区	2018	201810101
20181010103	吴晓玉	女	2001-6-19	团员	湖南省衡阳市衡南县	2018	201810101
20181010104	谌茹	女	2002-4-24	团员	江苏省淮安市盱眙县	2018	201810101
20181010105	曹卓	男	2001-6-9	群众	云南省昭通市巧家县	2018	201810101
20181010106	牛雪瑞	女	2001-1-3	群众	山东省潍坊市寿光市	2018	201810101
20181010107	吴鸿腾	女	2002-2-26	群众	湖南省永州市道县	2018	201810101
20181010108	仇新	男	2002-3-2	群众	湖南省湘西土家族苗族自治州吉首市	2018	201810101
20181010109	杜佳毅	女	2001-12-11	团员	湖南省郴州市临武县	2018	201810101
20181010110	付琴	女	2002-4-20	群众	贵州省贵阳市白云区	2018	201810101
20181010111	于宝祥	男	2001-8-16	团员	内蒙古呼伦贝尔市满州里市	2018	201810101
20181010112	龚楚琛	男	2001-8-19	团员	福建省南平市浦城县	2018	201810101
20181010113	秦一帆	男	2001-2-8	团员	贵州省铜仁市沿河土家族自治县	2018	201810101
20181010114	黄馨	女	2002-2-21	团员	浙江省宁波市宁海县	2018	201810101
20181010115	汪钰淇	女	2002-2-24	团员	黑龙江大庆市大同区	2018	201810101
20181010116	贺运华	男	2001-4-5	团员	河北省石家庄市井陉县	2018	201810101
20181010117	程蒿	女	2001-9-27	团员	湖南省永州市江永县	2018	201810101
20181010118	许航	女	2001-9-30	团员	贵州省贵阳市白云区	2018	201810101

记录：第 42 项(共 904 项)　无筛选器　搜索

图 2-53　改变文字样式后的效果

2.4 表的使用实验

数据表创建好后，用户可以根据需要对表中的数据进行排序或筛选。

1．记录排序

当浏览表中的数据时，记录的显示顺序一般是输入记录时的顺序，或者是按主键升序排列的顺序，用户可以根据需要对记录进行排序。

（1）按一个字段排序

如果要按一个字段对数据进行排序，可以在数据表视图中进行操作。

【实验2.28】在"学生活动管理"数据库的"学生信息表"中，按"出生日期"字段值进行升序排列，具体操作步骤如下。

① 打开实验2.21更新后的"学生活动管理"数据库，用数据表视图打开"学生信息表"。

② 选中"出生日期"字段所在的列，然后单击"开始"选项卡中"排序和筛选"组中的"升序"按钮。

执行完上述操作后，表中的记录会按"出生日期"字段值进行升序排列，在保存表时排序结

< 33 >

构也会被保存。

（2）按多个字段排序

如果要按多个字段对数据进行排序，Access会先对第1个字段按照指定的顺序进行排列，当不同记录的第一个字段具有相同值时，再对第2个字段按照指定的顺序进行排列；以此类推，直到全部记录排序完毕。排序操作可以通过单击"升序"按钮或"降序"按钮进行，也可以通过执行"高级筛选/排序"命令进行。

【实验2.29】在"学生活动管理"数据库的"学生信息表"中，按"性别"和"出生日期"两个字段的值进行升序排列，具体操作步骤如下。

① 打开实验2.21更新后的"学生活动管理"数据库，用数据表视图打开"学生信息表"。

② 选中"性别"字段所在的列，按住Shift键并选中与其相邻的"出生日期"字段所在的列，即可同时选中这两列，然后单击"开始"选项卡"排序和筛选"组中的"升序"按钮。排序结果如图2-54所示。

学号	姓名	性别	出生日期	政治面貌	家庭地址	入学年份	班级编号	单击以添
20181020116	姜新	男	2001-1-2	团员	江西省赣州市信丰县	2018	201810201	
20181110309	郑沁锦	男	2001-1-5	团员	江西省赣州市安远县	2018	201811103	
20181120129	乔震庭	男	2001-1-7	团员	江苏省南京市溧水县	2018	201811201	
20181100231	伍茂陈	男	2001-1-13	团员	广西壮族自治区南宁市邕宁区	2018	201811002	
20181050109	武捷	男	2001-1-15	团员	湖南省常德市石门县	2018	201810501	
20181030111	夏丰荣	男	2001-1-16	团员	广西壮族自治区桂林市永福县	2018	201810301	
20181130121	汪洪靖	男	2001-1-17	团员	湖南省常德市鼎城区	2018	201811301	
20181080131	程浩	男	2001-2-2	团员	湖南省郴州市桂东县	2018	201810801	
20181100104	伍强	男	2001-2-3	群众	福建省宁德市周宁县	2018	201811001	
20181020103	郑纪武	男	2001-2-4	团员	广西壮族自治区南宁市马山县	2018	201810201	
20181100213	余庭轩	男	2001-2-5	团员	云南省昭通市水富县	2018	201811002	
20181070204	武成	男	2001-2-6	团员	湖南省衡阳市祁东县	2018	201810702	
20181110329	李武韬	男	2001-2-7	群众	辽宁省沈阳市铁西区	2018	201811103	
20181010113	桑一帆	男	2001-2-8	团员	贵州省铜仁市沿河土家族自治县	2018	201810101	
20181080231	蒲浩	男	2001-2-10	团员	山东省烟台市莱阳市	2018	201810802	
20181110322	曹丙龙	男	2001-2-13	团员	湖南省娄底市新化县	2018	201811103	
20181120232	柳映沁	男	2001-2-15	团员	河北省沧州市泊头市	2018	201811202	
20181120228	项凌庞	男	2001-2-17	团员	湖南省衡阳市耒阳市	2018	201811202	
20181010213	伍扬	男	2001-2-21	群众	湖南省娄底市娄星区	2018	201810102	
20181020126	李虎	男	2001-2-23	群众	河北省沧州市孟村回族自治县	2018	201810201	

记录: 第 1 项(共 904 项)   无筛选器   搜索

图 2-54　排序结果

从图2-54中可以看出，在排序时，先按"性别"字段值排序，当"性别"字段的值相同时再按"出生日期"字段的值排序。因此，当按多个字段进行排序时，必须注意字段的先后顺序。在对两个字段进行排序时，如果两个字段不相邻，那么就需要先对第2个字段进行排序，再对第1个字段进行排序。

【实验2.30】在"学生活动管理"数据库的"学生信息表"中，先按"性别"字段升序排列，再按"出生时间"字段降序排列，具体操作步骤如下。

① 打开实验2.21更新后的"学生活动管理"数据库，用数据表视图打开"学生信息表"。

实验2.30

② 在"开始"选项卡的"排序和筛选"组中单击"高级"按钮，从打开的下拉列表中选择"高级筛选/排序"选项，打开筛选界面。筛选界面分为上、下两个部分，上半部分显示被打开的表的字段列表；下半部分是设计网格，用来指定排序字段、排序方式和排序条件。

< 34 >

③ 单击设计网格中第1列"字段"文本框右侧的下拉按钮，从打开的下拉列表中选择"性别"字段；单击设计网格中第2列"字段"文本框右侧的下拉按钮，从打开的下拉列表中选择"出生时间"字段。

④ 单击"性别"字段"排序"文本框右侧的下拉按钮，从打开的下拉列表中选择"升序"选项；单击"出生时间"字段"排序"文本框右侧的下拉按钮，从打开的下拉列表中选择"降序"选项。在筛选界面中设置排序的字段和排序方式，如图2-55所示。

⑤ 在"开始"选项卡的"排序和筛选"组中单击"切换筛选"按钮，此时Access会按上述设置对"学生信息表"中的所有记录进行排序，排序结果如图2-56所示。

图 2-55 在筛选界面中设置排序的字段和排序方式

学号	姓名	性别	出生日期	政治面貌	家庭地址	入学年份	班级编号
20181090212	姜晧钧	男	2002-5-26	团员	河北省张家口市沽源县	2018	201810902
20181060131	郑华辰	男	2002-5-24	团员	湖南省岳阳市平江县	2018	201810601
20181040207	廖廷武	男	2002-5-15	团员	湖南省岳阳市华容县	2018	201810402
20181100229	王子明	男	2002-5-13	团员	浙江省宁波市余姚市	2018	201811002
20181120127	卞杰	男	2002-5-11	群众	山东省烟台市招远市	2018	201811201
20181080126	曾泽奇	男	2002-5-10	群众	河北省衡水市故城县	2018	201810801
20181080236	伍泽	男	2002-5-3	团员	江苏省淮安市淮阴区	2018	201810802
20181110332	蒲少庞	男	2002-5-2	团员	山东省青岛市黄岛区	2018	201811103
20181120132	伍昊天	男	2002-5-1	团员	安徽省黄山市黟县	2018	201811201
20181100224	葛子贤	男	2002-4-27	团员	安徽省黄山市祁门县	2018	201811002
20181080203	于炫霖	男	2002-4-22	团员	广东省汕头市濠江区	2018	201810802
20181120205	景书科	男	2002-4-21	群众	河北省衡水市饶阳县	2018	201811202
20181030214	彭世尧	男	2002-4-19	团员	广西壮族自治区柳州市融安县	2018	201810302
20181070132	郑浩皞	男	2002-4-19	群众	辽宁省大连市瓦房店市	2018	201810701
20181080110	江山	男	2002-4-16	团员	辽宁省沈阳市辽中县	2018	201810801
20181040127	桑俞锋	男	2002-4-16	群众	河北省石家庄市行唐县	2018	201810401
20181110232	桑庭翔	男	2002-4-15	群众	湖南省岳阳市临湘市	2018	201811102
20181010210	吴承铨	男	2002-4-12	群众	江西省上饶市德兴市	2018	201810102
20181110201	蒋明鸿	男	2002-4-11	群众	湖南省衡阳市衡山县	2018	201811102
20181110230	于龙云	男	2002-4-10	群众	贵州省遵义市红花岗区	2018	201811102

记录: ◄ 第 1 项(共 904 项 ► ►I ►* 无筛选器 搜索

图 2-56 排序结果

如果需要取消排序，可以在"开始"选项卡的"排序和筛选"组中单击"取消排序"按钮。

> **思考**
>
> 如何在"学生活动管理"数据库的"学生信息表"中，先按"性别"字段进行降序排列，再按"政治面貌"字段进行升序排列，最后按"家庭地址"字段进行升序排列？

2．筛选记录

在使用数据表时，经常需要从大量的数据中挑选出满足条件的记录进行处理。Access提供了4种筛选记录的方法，分别是按选定内容筛选、使用筛选器筛选、按窗体筛选和高级筛选。在筛选后，数据表中只显示满足条件的记录，其他记录会被隐藏。

（1）按选定内容筛选

【实验2.31】从"学生活动管理"数据库的"学生信息表"中筛选出来自"湖南省长沙市"的学生记录，具体操作步骤如下。

< 35 >

① 打开实验2.21更新后的"学生活动管理"数据库，用数据表视图打开"学生信息表"。

② 选中"家庭地址"字段，从该字段中找到字段值包含"湖南省长沙市"的记录，在该记录中选中"湖南省长沙市"。

③ 在"开始"选项卡的"排序和筛选"组中单击"选择"按钮，打开的选择筛选选项下拉列表如图2-57所示。从该下拉列表中选择"包含'湖南省长沙市'"选项，按选定内容筛选出相应的记录，如图2-58所示。

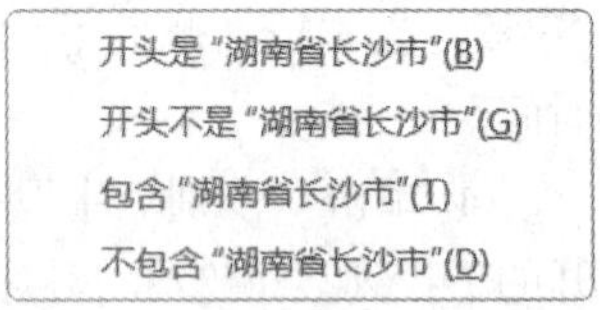

| 开头是"湖南省长沙市"(B) |
| 开头不是"湖南省长沙市"(G) |
| 包含"湖南省长沙市"(T) |
| 不包含"湖南省长沙市"(D) |

图 2-57　选择筛选选项下拉列表

学号	姓名	性别	出生日期	政治面貌	家庭地址	入学年份	班级编号
20181010124	吴南	女	2002-2-25	团员	湖南省长沙市浏阳市	2018	201810101
20181010129	陈柳	女	2002-5-22	团员	湖南省长沙市开福区	2018	201810101
20181010203	彭坚	男	2001-11-12	团员	湖南省长沙市芙蓉区	2018	201810102
20181010206	甘武欣	女	2002-5-4	团员	湖南省长沙市宁乡市	2018	201810102
20181020123	郝婧	女	2001-8-8	团员	湖南省长沙市宁乡市	2018	201810201
20181030215	伍湘明	男	2001-12-6	群众	湖南省长沙市雨花区	2018	201810302
20181040104	廖柏威	男	2001-5-19	团员	湖南省长沙市长沙县	2018	201810401
20181050216	伍花	女	2001-10-18	群众	湖南省长沙市浏阳市	2018	201810502
20181050231	蒋庞	男	2001-4-12	群众	湖南省长沙市岳麓区	2018	201810502
20181070112	童莎	女	2001-9-10	群众	湖南省长沙市宁乡市	2018	201810701
20181070114	蒲娜	女	2001-1-9	党员	湖南省长沙市望城区	2018	201810701
20181080226	伍智琦	女	2001-7-20	群众	湖南省长沙市岳麓区	2018	201810802
20181080233	曾玉凤	女	2002-4-14	群众	湖南省长沙市天元区	2018	201810802
20181080308	伍哲	男	2001-12-5	群众	湖南省长沙市长沙县	2018	201810803

记录: 第1项(共20项) ▶ ▶ ▶* 已筛选 搜索 数字 Filtered

图 2-58　按选定内容筛选出相应的记录

单击"选择"按钮，可以很容易地在其下拉列表中找到常用的筛选选项。在完成筛选后，如果要将数据表恢复到筛选前的状态，只需单击"排序和筛选"组中的"切换筛选"按钮即可。

> **思考**
>
> 如何在"学生活动管理"数据库的"学生信息表"中筛选出来自"湖南省"的学生记录？

（2）使用筛选器筛选

Access的筛选器提供了一种快捷的筛选方式，将选中的字段中所有不重复的值以列表的形式展示出来，供用户直接选择。数据类型为OLE对象型或附件型的字段不能应用筛选器，其他类型的字段都可以应用筛选器。

【实验2.32】从"学生活动管理"数据库的"管理员信息表"中筛选出职称为"教授"的管理员记录，具体操作步骤如下。

① 打开实验2.21更新后的"学生活动管理"数据库，用数据表视图打开"管理员信息表"。

② 选中"职称"字段，在"开始"选项卡的"排序和筛选"组中单击"筛选器"按钮，在打开的下拉列表中取消勾选"全选"复选框，勾选"教授"复选框，如图2-59所示。单击"确定"按钮后，Access将显示筛选结果，如图2-60所示。

需要说明的是，筛选器中显示的筛选选项取决于所选字段的数据类型和字段值。所选字段的数据类型和字段值不同，筛选选项也会不同。

（3）按窗体筛选

按窗体筛选记录时，需要在按窗体筛选界面中设置筛选条件。每个字段都有对应的下拉列表，可以从每个下拉列表中选择一个字段值作为筛选条件。如果需要选择两个或两个以上的字段值，可以使用界面底部的"或"标签来确定字段值之间的关系。

< 36 >

图 2-59 设置筛选项

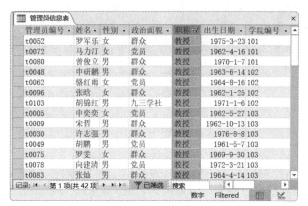

图 2-60 筛选结果

【实验2.33】从"学生活动管理"数据库的"管理员信息表"中筛选出职称为"讲师"的男性管理员记录，具体操作步骤如下。

① 打开实验2.21更新后的"学生活动管理"数据库，用数据表视图打开"管理员信息表"。

② 在"开始"选项卡的"排序和筛选"组中单击"高级"按钮，从打开的下拉列表中选择"按窗体筛选"选项，切换到"按窗体筛选"窗口，如图2-61所示。

图 2-61 "按窗体筛选"窗口

③ 选中"性别"字段，然后单击其右侧的下拉按钮，从下拉列表中选择""男""选项；选中"职称"字段，然后单击其右侧的下拉按钮；从下拉列表中选择""讲师""选项，在"按窗体筛选"窗口中选择筛选字段的值，如图2-62所示。

图 2-62 在"按窗体筛选"窗口中选择筛选字段的值

④ 在"开始"选项卡的"排序和筛选"组中单击"切换筛选"按钮，即可看到筛选结果，如图2-63所示。

管理员信息表						
管理员编号	姓名	性别	政治面貌	职称	出生日期	学院编号
t0064	向华辉	男	党员	讲师	1990-8-6	101
t0067	马璐	男	群众	讲师	1987-10-12	101
t0001	田磊	男	党员	讲师	1985-5-20	102
t0106	向文涛	男	群众	讲师	1985-7-9	102
t0112	向元	男	民建	讲师	1984-12-14	102
t0114	边恺文	男	群众	讲师	1986-4-9	102
t0117	熊健康	男	党员	讲师	1985-1-23	102
t0070	罗涛	男	民盟	讲师	1988-10-13	103
t0101	郭胜豪	男	党员	讲师	1983-2-9	104
t0053	庞石	男	党员	讲师	1988-11-18	106

记录: ◄ 第1项(共17项) ► ►► ► 已筛选 搜索

数字 Filtered

图 2-63 筛选结果

< 37 >

> ⓘ **思考**
>
> 如何在"学生活动管理"数据库的"管理员信息表"中筛选出职称为"教授"、政治面貌为"党员"的女性管理员记录？

（4）高级筛选

若需要设置比较复杂的筛选条件，可以使用"筛选"窗口实现。"筛选"窗口还支持对筛选结果进行排序。

【实验2.34】在"学生活动管理"数据库的"管理员信息表"中筛选出1980年以后出生的男性管理员记录，并将筛选结果按"学院编号"进行升序排列，具体操作步骤如下。

实验2.34

① 打开实验2.21更新后的"学生活动管理"数据库，用数据表视图打开"管理员信息表"。

② 在"开始"选项卡的"排序和筛选"组中单击"高级"按钮，从打开的下拉列表中选择"高级筛选/排序"选项，打开"筛选"窗口。

③ 在"筛选"窗口上半部分显示的"管理员信息表"字段列表中，分别双击"性别""出生日期""学院编号"字段，将它们添加到该界面的下半部分。

④ 在"性别"字段的"条件"文本框中输入""男""，在"出生日期"字段的"条件"文本框中输入">=#1980-1-1#"。

⑤ 单击"学院编号"字段的"排序"文本框，然后单击其右侧的下拉按钮，从打开的下拉列表中选择"升序"选项。设置的筛选条件和排序方式如图2-64所示。

⑥ 在"开始"选项卡的"排序和筛选"组中单击"切换筛选"按钮，即可看到筛选结果，如图2-65所示。

图 2-64　设置筛选条件和排序方式

管理员编号	姓名	性别	政治面貌	职称	出生日期	学院编号
t0058	唐鑫	男	群众	助教	1990-4-17	101
t0064	向华辉	男	党员	讲师	1990-8-6	101
t0067	马璐	男	群众	讲师	1987-10-12	101
t0023	罗磊	男	民建	助教	1990-1-26	101
t0001	田磊	男	党员	讲师	1985-5-20	102
t0041	马伟栋	男	群众	助教	1993-5-12	102
t0060	童牛鹏	男	群众	助教	1992-12-19	102
t0106	向文涛	男	群众	讲师	1985-7-9	102
t0112	向元	男	民建	讲师	1984-12-14	102
t0114	边恺文	男	群众	讲师	1986-4-9	102
t0117	熊健康	男	党员	讲师	1985-1-23	102
t0070	罗涛	男	民盟	讲师	1988-10-13	103
t0066	张国牛	男	民盟	助教	1992-6-4	104
t0101	郭胜豪	男	党员	讲师	1983-2-9	104

记录: ◀ 第1项(共31项) ▶ ▶▶ ▽ 已筛选 搜索

图 2-65　筛选结果

> ⓘ **思考**
>
> 如何从"学生活动管理"数据库的"管理员信息表"中筛选出1985年至1990年出生的女性管理员记录，并按"学院编号"进行降序排列？

< 38 >

第3章 查询的实验

本章安排了多个实验，以期达到以下实验目的。

① 理解查询的概念和功能。

② 掌握查询条件的表示方法。

③ 掌握创建查询的方法。

④ 掌握应用Select语句进行数据查询的方法及各种子句的用法。

3.1 使用简单查询向导创建选择查询的实验

使用简单查询向导创建选择查询比较简单，用户可以在向导的引导下选择一张或多张表、一个或多个字段，但不能设置查询条件。

1．单表选择查询

【实验3.1】以"管理员信息表"为数据源，查询管理员的姓名和职称信息，并将创建的查询命名为"实验3.1管理员信息"。具体操作步骤如下。

① 打开"学生活动管理.accdb"数据库，单击"创建"选项卡"查询"组中的"查询向导"按钮，如图3-1所示，打开"新建查询"对话框。

图 3-1　单击"查询向导"按钮

② 在"新建查询"对话框中选择"简单查询向导"选项，单击"确定"按钮，打开"简单查询向导"对话框。在该对话框的"表/查询"下拉列表中选择"表:管理员信息表"选项，然后分别双击"可用字段"列表框中的"姓名"和"职称"字段，将它们添加到"选定字段"列表框中，如图3-2所示。单击"下一步"按钮，在打开的对话框的"请为查询指定标题"文本框中输入"实验3.1 管理员信息"，最后单击"完成"按钮。

图 3-2 将选定字段添加到列表框中

2．多表选择查询

【实验3.2】查询学生参与活动项目情况，要求显示"学号""姓名""性别""项目编号""项目类型""项目内容""每人加分值"字段。具体操作步骤如下。

① 打开"学生活动管理.accdb"数据库，在导航窗格中单击"查询"对象；单击"创建"选项卡"查询"组中的"查询向导"按钮，打开"新建查询"对话框。

② 在"新建查询"对话框中选择"简单查询向导"选项，单击"确定"按钮，打开"简单查询向导"对话框；在该对话框的"表/查询"下拉列表中选择"表:学生信息表"选项，并双击"学号""姓名""性别"字段将其添加到"选定字段"列表框中；然后选择"表:学生参与活动信息表"选项，并双击"项目编号"字段将其添加到"选定字段"列表框中；最后以同样的方式将"表:项目信息表"中的"项目类型""项目内容""每人加分值"字段添加到"选定字段"列表框中。设置结果如图3-3所示。

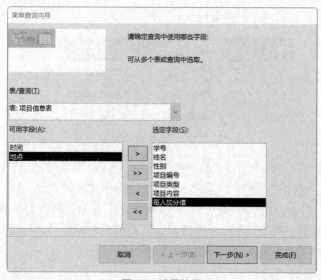

图 3-3 设置结果

< 40 >

③ 单击"下一步"按钮，在打开的对话框中选择"明细"选项。

④ 单击"下一步"按钮，在打开的对话框的"请为查询指定标题"文本框中输入"实验3.2学生参与活动项目情况"，选中"打开查询查看信息"单选按钮。

⑤ 单击"完成"按钮，弹出查询结果。

> **！说明**
>
> 上述查询涉及"学生信息表""学生参与活动信息表""项目信息表"这3张表，在创建查询前要确保已经建立好3张表之间的关系。只要建立好关系，"项目编号"字段也可以从"项目信息表"中选择，不影响最后的结果。

3.2 在查询设计视图中创建选择查询的实验

查询设计视图是创建和修改选择查询的主要方法。在查询设计视图中用户可以自主设计选择查询，比采用查询向导创建选择查询更加灵活。在查询设计视图中，既可以创建不带条件的选择查询，也可以创建带条件的选择查询，还可以对已创建的选择查询进行编辑。

1. 创建不带条件的选择查询

要创建不带条件的选择查询，只需要确定查询的数据源，并将查询字段添加到查询设计视图的设计网格区中即可，不需要设置查询条件。

【实验3.3】查询学生参与活动的情况，要求显示"学号""姓名""项目编号""项目内容"字段。具体操作步骤如下。

实验3.3

① 打开"学生活动管理.accdb"数据库，在导航窗格中单击"查询"对象，单击"创建"选项卡"查询"组中的"查询设计"按钮，出现"查询工具→查询设计"选项卡，如图3-4所示，同时打开查询设计视图。

图 3-4 "查询工具→查询设计"选项卡

② 在打开的"显示表"对话框中选择"学生信息表"选项，单击"添加"按钮，添加"学生信息表"。使用同样的方法，依次添加"学生参与活动情况表"和"项目信息表"，然后关闭"显示表"对话框。

③ 双击"学生信息表"中的"学号""姓名"字段、"学生参与活动情况表"中的"项目编号"字段和"项目信息表"中的"项目内容"字段，将它们依次添加到设计网格区"字段"行的第1～第4列。查询设计如图3-5所示。

④ 单击快速访问工具栏中的"保存"按钮，打开相应的对话框，在"查询名称"文本框中输入"实验3.3学生参与活动情况"，单击"确定"按钮。

< 41 >

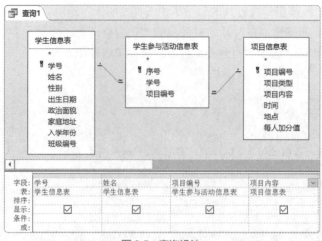

图 3-5　查询设计

⑤ 选择"开始"选项卡"视图"组中的"数据表视图"选项，或单击"查询工具→查询设计"选项卡"结果"组中的"运行"按钮，查看查询结果。

2．创建带条件的选择查询

在实际的选择查询中，经常需要查询满足某个条件的记录。带条件的选择查询需要设置查询条件。查询条件是关系表达式，其运算结果是一个逻辑值。查询条件应通过查询定义界面中的"条件"行来设置，即在相应字段的"条件"文本框中输入条件表达式。

【实验3.4】查找1970—1979年出生的男管理员信息，要求显示"管理员编号""姓名""出生日期"字段。具体操作步骤如下。

① 打开查询设计视图，将"管理员信息表"添加到查询设计视图的字段列表区域中。

② 依次双击"管理员编号""姓名""性别""出生日期"字段，将它们添加到设计网格区中"字段"行的第1～第4列。

③ 取消勾选"性别"字段"显示"行中的复选框，使查询结果不显示"性别"字段值。

④ 在"性别"字段的"条件"行中输入""男""，在"出生日期"字段的"条件"行中输入"Between #1970/1/1# And #1979/12/31#"，设置结果如图3-6所示。

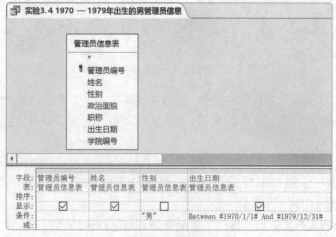

图 3-6　设置结果

< 42 >

⑤ 单击"保存"按钮，在打开的对话框中的"查询名称"文本框中输入"实验3.4 1970—1979年出生的男管理员信息"，单击"确定"按钮。

⑥ 单击"查询工具→查询设计"选项卡"结果"组中的"运行"按钮，查看查询结果。

思考

如何创建查询，找出满足退休条件（假设女管理员55岁退休，男管理员60岁退休）的管理员？

3．创建参数查询

前面创建的查询的条件都是固定的。如果希望根据某个或某些字段的不同的值来查找记录，就需要不断地在查询设计视图中更改条件，这显然很麻烦。为了增强查询的灵活性，可以创建要求用户输入条件值的查询，这种查询称为参数查询。在这种查询中，用户以交互方式输入一个或多个条件值。

【实验3.5】以实验3.3中已创建的"实验3.3学生参与活动情况"查询作为数据源，创建一个新查询，实现以"姓名"查询某学生参与活动的情况，要求显示"学号""姓名""项目编号""项目内容"等字段。具体操作步骤如下。

① 打开"学生活动管理.accdb"数据库，打开查询设计视图。

② 在"显示表"对话框中单击"查询"选项卡，选择"实验3.3学生参与活动情况"查询，单击"添加"按钮，然后关闭"显示表"对话框。

③ 依次双击"实验3.3学生参与活动情况"中的"学号""姓名""项目编号""项目内容"字段，将它们添加到设计网格区的"字段"行的第1~第4列。在"姓名"字段的"条件"行中输入"[请输入姓名：]"，查询设计如图3-7所示。

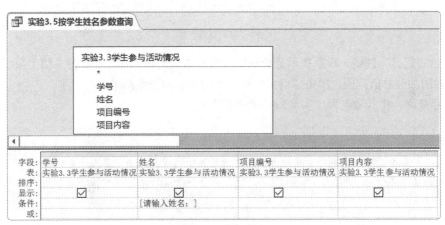

图3-7 查询设计

④ 单击"查询工具→查询设计"选项卡"结果"组中的"运行"按钮，在"请输入姓名"文本框中输入要查询学生的姓名，单击"确定"按钮，即可显示查询结果。

⑤ 单击快速访问工具栏中的"保存"按钮🖫，打开相应的对话框，在"查询名称"文本框中输入"实验3.5单参数查询"，单击"确定"按钮。

【实验3.6】学生参与的每一项活动都有相应的加分值，要求创建一个参数查询，用于查找指定范围内的学生活动加分总值，要求显示"学号"和"每人加分值之合计"字段。具体操作步骤如下。

< 43 >

① 打开查询设计视图，依次将"学生信息表""学生参与活动情况表""项目信息表"添加到查询设计视图的字段列表区域中。

② 双击字段列表区的"学号""每人加分值"字段，将它们添加到设计网格的"字段"行的第1列和第2列。

③ 单击"查询工具→查询设计"选项卡"显示/隐藏"组中的"汇总"按钮，设计网格中会插入一个"总计"行。单击"学号"字段"总计"行右侧的下拉按钮，在下拉列表中选择"Group By"选项；在"每人加分值"字段"总计"行的下拉列表中选择"合计"选项。

④ 在"每人加分值"字段的"条件"行中输入"Between [请输入加分总值下限:] And [请输入加分总值上限:]"，在"每人加分值"字段的"排序"行下拉列表中选择"升序"选项，如图3-8所示。

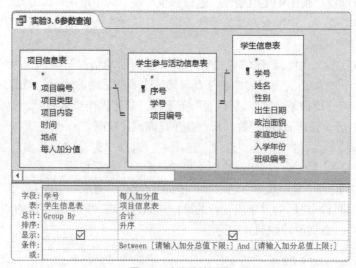

图 3-8　查询设计视图

⑤ 单击"运行"按钮，根据提示，分别输入加分总值下限"10"和加分总值上限"20"，以指定要查找的加分总值范围，单击"确定"按钮，即可显示查询结果。

⑥ 保存查询，将其命名为"实验3.6参数查询"。

> ❗ 说明
>
> 对"每人加分值"字段进行合计运算，则查询结果中的字段名为"每人加分值之合计"，可以修改该字段的显示名称。

3.3　创建统计查询的实验

在实际应用中，常常需要对查询结果进行复杂的分组汇总，或进行合计、计数、求最大值、最小值、平均值等运算。Access允许用户在查询中使用设计网格的"总计"行进行各种统计运算，并且可创建计算字段进行任意类型的计算。

< 44 >

1．创建不带条件的统计查询

【**实验3.7**】统计学生的人数。具体操作步骤如下。

① 打开查询设计视图，添加"学生信息表"到查询设计视图的字段列表区域中。

② 双击"学号"字段，将其添加到设计网格区的"字段"行的第1列。

③ 单击"查询工具→查询设计"选项卡"显示/隐藏"组中的"汇总"按钮，插入一个"总计"行；单击"学号"字段"总计"行右侧的下拉按钮，在下拉列表中选择"计数"选项，如图3-9所示。

④ 单击"保存"按钮，在"查询名称"文本框中输入"实验3.7统计学生人数"。

⑤ 运行该查询，查看结果。

图3-9 在下拉列表中选择
"计数"选项

2．创建带条件的统计查询

【**实验3.8**】统计1970—1979年出生的男管理员人数，具体操作步骤如下。

① 打开查询设计视图，添加"管理员信息表"到查询设计视图的字段列表区中。

② 双击"管理员编号""性别""出生日期"字段，将它们添加到设计网格的"字段"行的第1～第3列。

③ 取消勾选"性别""出生日期"字段"显示"行中的复选框。

④ 单击"查询工具→查询设计"选项卡"显示/隐藏"组中的"汇总"按钮，插入一个"总计"行。单击"管理员编号"字段"总计"行右侧的下拉按钮，在下拉列表中选择"计数"选项；在"性别"和"出生日期"字段"总计"行的下拉列表中选择"Where"选项。

⑤ 在"性别"字段的"条件"行中输入""男""，在"出生日期"字段的"条件"行中输入"Between #1970/1/1# And #1979/12/31#"，查询设计如图3-10所示。

⑥ 单击"保存"按钮，在"查询名称"文本框中输入"实验3.8统计1970—1979年出生的男管理员人数"。

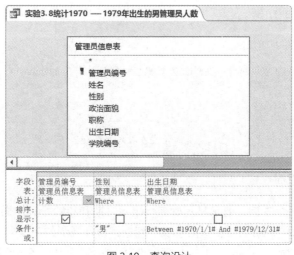

图3-10 查询设计

⑦ 运行该查询，查看结果。

< 45 >

3．创建分组统计查询

实验3.9

【实验3.9】找出男、女学生中年龄最大和最小者的出生日期，具体操作步骤如下。

① 打开查询设计视图，添加"学生信息表"到查询设计视图的字段列表区域中。

② 在设计网格"字段"行第1列的下拉列表中选择"性别"选项，在第2列和第3列的下拉列表中都选择"出生日期"选项。

③ 单击"查询工具→查询设计"选项卡"显示/隐藏"组中的"汇总"按钮，在设计网格中插入一个"总计"行，设置"性别"字段的"总计"行为"Group By"，设置"出生日期"字段的"总计"行分别为"最小值""最大值"，如图3-11所示。

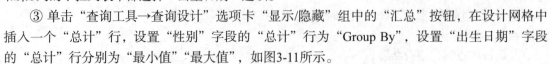

图 3-11　设置"性别"和"出生日期"字段

④ 单击"保存"按钮，在"查询名称"文本框中输入"实验3.9找出男女学生中年龄最大和最小者的出生日期"。

⑤ 运行该查询，查看结果。

> **注意**
>
> 日期/时间类型的数据可以排序，年龄最大则出生日期值最小，年龄最小则出生日期值最大。

> **思考**
>
> 创建查询，统计政治面貌为团员、党员的学生人数怎么实现？有几种方法？

4．创建计算字段查询

【实验3.10】创建一个查询，要求显示姓名、出生日期和年龄，具体操作步骤如下。

① 打开查询设计视图，添加"学生信息表"到查询设计视图的字段列表区域中。

② 在设计网格"字段"行的第1列下拉列表中选择"姓名"字段，在第2列下拉列表中选择"出生日期"字段，在第3列中输入"年龄：Year(Date())-Year([出生日期])"，并勾选该列"显示"行中的复选框，查询设计如图3-12所示。

< 46 >

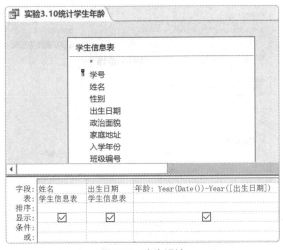

图 3-12　查询设计

③ 单击"保存"按钮，将查询命名为"实验3.10统计学生年龄"，运行并查看结果。

3.4 创建交叉表查询的实验

交叉表查询是一种常用的统计表格，可显示来自表中某个字段的计算值（包括总计、计数、求平均值或其他类型的计算值）。该种查询最终以分组形式呈现：一组为行标题，显示在数据表左侧；另一组为列标题，显示在数据表的顶端，而在表格行和列的交叉处会显示表中某个字段的计算结果。可以使用交叉表查询向导创建交叉表查询，也可以使用查询设计视图来创建。

1. 使用交叉表查询向导创建交叉表查询

在使用交叉表查询向导创建交叉表查询时，数据源只能是一张表或一个查询结果。如果要包含多张表中的字段，就需要先创建一个含有全部所需字段的查询对象，再用该查询的结果作为数据源创建交叉表查询。

【实验3.11】统计参与各类项目的男、女学生人数，行标题为"性别"，列标题为"项目类型"，计算字段为"学号"。注意：该交叉表查询需要进行各行小计。

由于"性别"和"项目类型"不在同一张表中，因此需要创建一个包含交叉表查询所需字段的查询，再用该查询来创建交叉表查询。实验3.2中创建的查询"学生参与活动项目情况"中包含了所需字段，可利用该查询来创建该交叉表查询。具体操作步骤如下。

① 在导航窗口中选择"查询"对象，单击"查询向导"按钮，在弹出的"新建查询"对话框中选择"交叉表查询向导"选项，单击"确定"按钮。

② 在打开的对话框中选中"视图"选项组中的"查询"单选按钮，选择"查询：实验3.2学生参与活动项目情况"选项，单击"下一步"按钮。

③ 在打开的对话框中，将"可用字段"列表框中的"性别"字段添加到其右侧的"选定字段"列表框中，即将"性别"字段的值作为行标题，如图3-13所示，单击"下一步"按钮。

④ 在打开的对话框中选择"项目类型"字段的值作为列标题，如图3-14所示，单击"下一步"按钮。

< 47 >

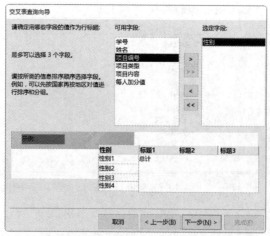

图 3-13　将"性别"字段的值作为行标题

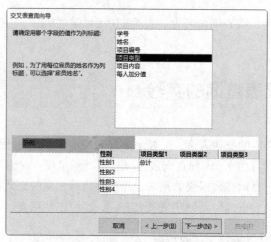

图 3-14　将"项目类型"字段的值作为列标题

⑤ 在打开的对话框中的"字段"列表框中选择"学号"字段作为统计字段；在"函数"列表框中选择"计数"选项，勾选"是，包含各行小计"复选框，确定行列交叉点处的值的计算方式，如图3-15所示，单击"下一步"按钮。

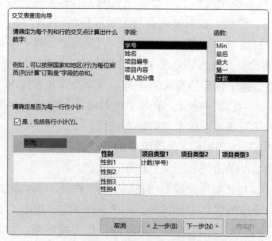

图 3-15　确定行列交叉点处的值的计算方式

< 48 >

⑥ 在打开的对话框中，在"请指定查询的名称"文本框中输入"实验3.11统计参与各类项目的男女学生人数"，默认选中"查看查询"单选按钮，最后单击"完成"按钮。

2. 使用查询设计视图创建交叉表查询

使用查询设计视图创建交叉表查询的关键是单击"查询工具→查询设计"选项卡"查询类型"组中的"交叉表"按钮，这样在查询设计视图的设计网格区域中就会出现"总计"和"交叉表"两行；然后根据具体情况，设置分类字段和总计字段即可。

【实验3.12】使用查询设计视图创建交叉表查询，用于统计获得国家奖学金和校级奖学金的男女学生人数，且不进行各行小计。具体操作步骤如下。

① 打开查询设计视图，添加"学生信息表""奖惩信息表"到查询设计视图的字段列表区。

② 双击"学生信息表"中的"性别""学号"字段以及"奖惩信息表"中的"奖励"字段，将它们添加到设计网格区的"字段"行的第1～第3列。

③ 单击"查询工具→查询设计"选项卡"查询类型"组中的"交叉表"按钮。

④ 在"性别"字段"交叉表"行的下拉列表中选择"行标题"选项；在"奖励"字段"交叉表"行的下拉列表中选择"列标题"选项，并在其"条件"行中输入""国家奖学金""，在"或"行中输入""校级奖学金""；在"学号"字段"总计"行的下拉列表中选择"计数"选项，在"交叉表"行的下拉列表中选择"值"选项。设置的查询条件如图3-16所示。

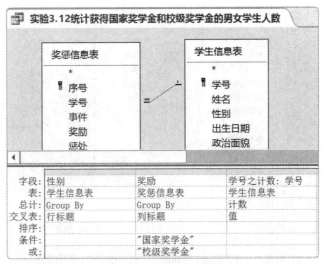

图 3-16　设置的查询条件

⑤ 单击"保存"按钮，将查询命名为"实验3.12统计获得国家奖学金和校级奖学金的男女学生人数"。运行该查询，查看结果。

注意：如果交叉表的数据来自多张表，需要确保表之间已经建立关系。本实验只统计了获得部分奖励的男女学生人数，也可以先创建一个查询筛选出国家奖学金或校级奖学金获得学生的信息，然后基于创建的查询统计获得各奖励的男女学生人数。

> **！ 思考**
>
> 如何创建查询，统计各学院不同职称的男女管理员人数？

3.5 创建操作查询的实验

1．创建生成表查询

生成表查询会利用一张或多张表中的全部或部分数据创建新表。创建生成表查询的关键是要在查询设计视图中设计好用于生成表的字段和要写入新表的数据查询条件。

【实验3.13】将获得国家级奖学金（含国家奖学金与国家励志奖学金）的学生记录（含"学号""姓名""奖励"字段）存储到"奖学金获得情况表"中。具体操作步骤如下。

① 打开查询设计视图，并将"学生信息表""奖惩信息表"添加到查询设计视图的字段列表区。

② 双击"学生信息表"中的"学号""姓名"字段和"奖惩信息表"中的"奖励"字段，将它们添加到设计网格的"字段"行。

③ 在"奖励"字段的"条件"行中输入"Like "国家*奖学金""，如图3-17所示。

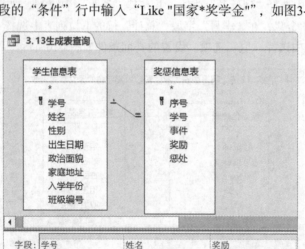

图 3-17 在"奖励"字段的"条件"行中输入查询条件

④ 单击"查询工具→查询设计"选项卡"查询类型"组中的"生成表"按钮，打开"生成表"对话框。

⑤ 在"表名称"文本框中输入要创建的表名称"奖学金获得情况表"，并选中"当前数据库"单选按钮，单击"确定"按钮。

⑥ 单击"查询工具→查询设计"选项卡"结果"组中的"视图"按钮，预览记录。

⑦ 保存查询，并将其命名为"实验3.13生成表查询"。

⑧ 单击"查询工具→查询设计"选项卡"结果"组中的"运行"按钮，会出现一个提示对话框，单击"是"按钮，创建"奖学金获得情况表"。

⑨ 在导航窗格中选择"表"对象，可以看到生成的"奖学金获得情况表"。选中该表，在数据表视图中可以查看其详情。

< 50 >

2. 创建删除查询

通过删除查询能够从一张或多张表中删除指定的记录。如果删除的记录来自多张表，则必须满足以下几点要求。

① 在"关系"界面中已经定义相关表之间的关系。

② 在"编辑关系"对话框中勾选"实施参照完整性"复选框。

③ 在"编辑关系"对话框中勾选"级联删除相关记录"复选框。

【实验3.14】创建一个查询，将"学生信息表"的备份表"学生信息表 的副本"中姓"姜"学生的记录删除。具体操作步骤如下。

① 通过复制粘贴的方式创建"学生信息表"的备份表，表名为"学生信息表 的副本"。

② 打开查询设计视图，并将"学生信息表 的副本"表添加到查询设计视图的字段列表区域中。

③ 单击"查询工具→查询设计"选项卡"查询类型"组中的"删除"按钮，设计网格区域中会增加"删除"行。

④ 双击字段列表区的"姓名"字段，将它添加到设计网格的"字段"行，在该字段的"删除"行下拉列表中选择"Where"选项，在该字段的"条件"行中输入"Left([姓名],1)="姜""，如图3-18所示。

⑤ 单击"查询工具→查询设计"选项卡"结果"组的"视图"按钮，从其下拉列表中选择"数据表视图"选项，预览要删除的记录。

⑥ 保存查询，将其命名为"实验3.14删除查询"。

⑦ 单击"查询工具→查询设计"选项卡"结果"组的"运行"按钮，会出现一个提示对话框，单击"是"按钮，完成删除查询的创建。

⑧ 打开"学生信息表 的副本"表，查看姓"姜"学生的记录是否已被删除。

图 3-18 在"姓名"字段的"条件"行中输入查询条件

3. 创建更新查询

在对数据库进行数据维护时，经常需要更新大量数据。对于此类操作，如果一条一条地修改记录，不但费时费力，而且容易造成疏漏。更新查询是实现此类操作最简单、最有效的方法之一，能对一张或多张表中一组记录的某字段值进行更新。

【实验3.15】创建一个更新查询，将项目类型为"思想政治与道德素养"的活动项目的"每人加分值"的字段值增加1，具体操作步骤如下。

① 打开查询设计视图，并将"项目信息表"添加到查询设计视图的字段列表区域中。

② 双击"项目信息表"中的"项目类型""每人加分值"字段，将它们添加到设计网格的"字段"行。

③ 单击"查询工具→查询设计"选项卡"查询类型"组中的"更新"按钮，设计网格区域中会增加"更新为"行。

④ 在"项目类型"字段的"条件"行中输入""思想政治与道德素养""，在"每人加分值"字段的"更新为"行中输入"[每人加分值]+1"，如图3-19所示。

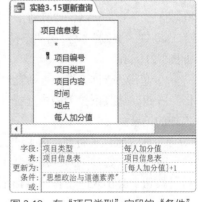

图 3-19 在"项目类型"字段的"条件"行中输入查询条件

< 51 >

⑤ 单击"查询工具→查询设计"选项卡"结果"组中的"视图"按钮，从其下拉列表中选择"数据表视图"选项，预览将被更新的记录。

⑥ 保存查询，将其命名为"实验3.15更新查询"。

⑦ 单击"查询工具→查询设计"选项卡"结果"组中的"运行"按钮，会打开一个提示对话框，单击"是"按钮，完成更新查询的创建。

⑧ 打开"项目信息表"，查看类型为"思想政治与道德素养"的活动项目的"每人加分值"的字段值是否发生了变化。

4．创建追加查询

通过追加查询可以将查询的结果追加到其他表（可以有数据，也可以无数据）中，追加的数据用查询条件加以限制。

【实验3.16】创建一个查询，将获得校级奖学金的学生的奖惩记录添加到已创建的"奖学金获得情况表"中，具体操作步骤如下。

① 打开查询设计视图，将"学生信息表""奖惩信息表"添加到查询设计视图的字段列表区。

② 单击"查询工具→查询设计"选项卡"查询类型"组中的"追加"按钮，打开"追加"对话框。

③ 在"追加到"选项组的"表名称"下拉列表中选择"奖学金获得情况表"选项，并选中"当前数据库"单选按钮，如图3-20所示。单击"确定"按钮，这时设计网格区域中会增加一个"追加到"行。

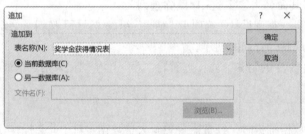

图 3-20　设置"追加"对话框

④ 双击"奖惩信息表"中的"学号""姓名""奖励"字段，将它们添加到设计网格区的"字段"行。"追加到"行中会自动填入"学号""姓名""奖励"。

⑤ 在"奖励"字段的"条件"行中输入"校级奖学金"，如图3-21所示。

⑥ 单击"查询工具→查询设计"选项卡"结果"组中的"视图"按钮，从其下拉列表中选择"数据表视图"选项，预览要追加的记录。

⑦ 保存查询，将其命名为"实验3.16追加查询"。

⑧ 单击"查询工具→查询设计"选项卡"结果"组中的"运行"按钮，会出现一个提示对话框，单击"是"按钮，完成追加查询的创建。

⑨ 打开"奖学金获得情况表"，查看追加的记录。

图 3-21　在"奖励"字段的"条件"
行中输入查询条件

< 52 >

3.6 创建SQL查询的实验

在查询设计视图中，创建SQL查询的操作步骤如下。

① 打开查询设计视图，不添加任何表，在"显示表"对话框中直接单击"关闭"按钮，进入空白的查询设计视图。

② 选择"查询工具→查询设计"选项卡"结果"组中的"视图"下拉列表中的"SQL视图"选项（也可以在"查询1"界面的标题栏上单击鼠标右键，从弹出的快捷菜单中执行"SQL视图"命令），进入SQL视图。

③ 在SQL视图中输入SQL语句。

④ 保存查询。

⑤ 单击"查询工具→查询设计"选项卡"结果"组中的"运行"按钮，显示查询结果。

【实验3.17】对"学生信息表"进行查询操作，显示全部学生信息。

实现上述操作的SQL语句如下：

实验3.17

```
Select * From  学生信息表
```

【实验3.18】对"学生活动管理"数据库进行SQL查询操作，完善下列SQL语句。

（1）SQL简单查询

① 对"管理员信息表"进行查询操作，显示管理员全部信息：

```
Select _____ From 管理员信息表
```

② 列出管理员的姓名和职称：

```
Select 姓名,_____ From 管理员信息表
```

③ 求出所有学生的年龄：

```
Select _____ As 年龄 From 学生信息表
```

（2）带条件查询

① 列出年龄为60岁及以上的管理员记录：

```
Select * From 管理员信息表 Where _____
```

② 列出年龄为50岁到70岁的管理员名单：

```
Select 管理员编号,出生日期 From 管理员信息表 Where _____ Between
```

③ 列出所有"姜"姓学生的名单：

```
Select 学号,姓名 From 学生信息表 Where 姓名 Like _____
```

（3）排序

按性别顺序列出学号、姓名、性别、出生日期信息，性别相同的记录按年龄由大到小排序：

< 53 >

```
Select 学号,姓名,性别,出生日期 From 学生信息表 Order By _____
```

（4）分组查询

① 分别统计"学生信息表"中男女学生的人数：

```
Select 性别,Count (*) As 人数 From 学生信息表_____
```

② 按性别统计"管理员信息表"中讲师的人数：

```
Select 性别,Count (*) As 人数 From 管理员信息表 Where _____ Group By 性别
```

< 54 >

第**4**章 窗体的实验

本章安排了多个窗体创建和窗体设计实验，以期达到以下实验目的。

① 熟练掌握Access窗体的多种创建方法。

② 熟练掌握Access窗体的设计视图。

③ 熟练掌握Access窗体中常用控件的使用方法、窗体和控件属性的设置方法。

4.1 创建窗体的实验

窗体是用户与数据库系统交互的界面，它主要用来接收输入的数据或显示数据库中的数据，提供管理数据库的窗口。每个窗体都包含称为控件的图形对象，通过该对象可建立窗体与其记录源之间的链接。将数据库与窗体捆绑在一起，从而使对窗体的操作与对数据库中数据的维护操作可以同步进行。实际上，设计窗体就是设计程序运行时的窗口，以直观、方便地对数据库中的数据进行管理。

1. 基本操作

Access"创建"选项卡的"窗体"组中提供了多个创建窗体的按钮。窗体的创建有多种方法，下面分别进行介绍。

（1）使用"窗体"按钮自动创建窗体

实验4.1

【实验4.1】基于本书第4章配套数据库"学生活动管理"中的"学生信息表"，使用"窗体"按钮自动创建窗体，具体操作步骤如下。

① 打开数据库文件"学生活动管理.accdb"，即"学生活动管理"数据库，在导航窗格中选择"学生信息表"作为数据源。

② 在"创建"选项卡的"窗体"组中单击"窗体"按钮，如图4-1所示，基于所选数据源自动创建窗体。创建的"学生信息表-窗体按钮"窗体如图4-2所示。

图 4-1　单击"创建"选项卡"窗体"组中的"窗体"按钮

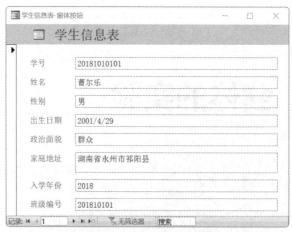

图 4-2　创建的"学生信息表 - 窗体按钮"窗体

（2）使用"多个项目"选项创建窗体

通过"多个项目"选项可以利用当前打开（或选定）的数据源创建表格式的窗体，该窗体中可同时显示多条记录。

【实验4.2】基于"学生信息表"，使用"多个项目"选项创建窗体，具体操作步骤如下。

①在导航窗格中选中"学生信息表"。

②在"创建"选项卡的"窗体"组中单击"其他窗体"按钮，在打开的下拉列表中选择"多个项目"选项，创建窗体，然后保存该窗体并将其命名为"学生信息表-多个项目"，如图4-3所示。

学号	姓名	性别	出生日期	政治面貌	家庭地址	入学年份	班级编号
20181010101	曹尔乐	男	2001-4-29	群众	湖南省永州市祁2018		201810101
20181010102	曹艳梅	女	2001-11-16	群众	湖南省衡阳市耒2018		201810101
20181010103	吴晓玉	女	2001-6-19	团员	湖南省衡阳市耒2018		201810101
20181010104	谯茹	女	2002-4-24	团员	江苏省淮安市涟2018		201810101
20181010105	曹卓	男	2001-6-9	群众	云南省昭通市彝2018		201810101
20181010106	牛雪瑞	女	2001-1-3	团员	山东省潍坊市寿2018		201810101
20181010107	吴鸿腾	女	2002-2-26	群众	湖南省永州市道2018		201810101
20181010108	仇新	男	2002-3-2	群众	湖南省湘西土2018		201810101
20181010109	杜佳毅	女	2001-12-11	团员	湖南省郴州市北2018		201810101
20181010110	付琴	女	2002-4-20	群众	贵州省贵阳市白2018		201810101
20181010111	于宝祥	男	2001-8-16	团员	内蒙古呼伦贝2018		201810101
20181010112	龚楚琛	男	2001-8-19	团员	福建省南平市延2018		201810101
20181010113	黍一帆	男	2001-2-8	团员	贵州省铜仁地2018		201810101
20181010114	黄蓉	女	2002-2-21	团员	浙江省宁波市2018		201810101
20181010115	汪钰淇	女	2002-2-24	团员	黑龙江大庆市2018		201810101

图 4-3　将创建的窗体保存并命名为"学生信息表 - 多个项目"

（3）使用"数据表"选项创建窗体

通过"数据表"选项可以利用当前打开（或选定）的数据源创建数据表形式的窗体。

【实验4.3】基于"学生信息表"，使用"数据表"选项创建窗体，具体操作步骤如下。

①在导航窗格中选中"学生信息表"。

②在"创建"选项卡的"窗体"组中单击"其他窗体"按钮，在打开的下拉列表中选择"数据表"选项，创建窗体，然后保存该窗体并将其命名为"学生信息表-数据表"。

（4）使用"分割窗体"选项创建窗体

通过"分割窗体"选项创建的窗体具有两种视图：窗体视图和数据表视图。两种视图能链接

< 56 >

到同一个数据源，并且总是相互保持同步。

实验4.4

【实验4.4】基于"学生信息表"，使用"分割窗体"选项创建窗体，具体操作步骤如下。

① 在导航窗格中选中"学生信息表"。

② 在"创建"选项卡的"窗体"组中单击"其他窗体"按钮，在打开的下拉列表中选择"分割窗体"选项，创建窗体，然后保存该窗体并将其命名为"学生信息表-分割窗体"，如图4-4所示。

图 4-4 将创建的窗体保存并命名为"学生信息表 - 分割窗体"

（5）使用"模式对话框"选项创建窗体

通过"模式对话框"选项可以创建带有命令按钮的对话框窗体。该类窗体运行后总是保持在Access的顶层。如果没有关闭该类窗体，则不能进行其他操作。

【实验4.5】使用"模式对话框"选项创建窗体，具体操作步骤如下。

在"创建"选项卡的"窗体"组中单击"其他窗体"按钮，在弹出的下拉列表中选择"模式对话框"选项，创建窗体，然后保存该窗体并将其命名为"模式对话框"。

> 🔔 思考
>
> 　　通过"模式对话框"选项创建窗体后，默认进入窗体的设计视图。窗体包含两个按钮控件，分别为"确定"和"取消"。切换到窗体视图后，分别尝试单击这两个按钮，请思考它们的作用是什么。在学习完第6章之后，可知这两个按钮都默认绑定了关闭窗体宏操作。

2. 使用"窗体向导"按钮创建窗体

【实验4.6】基于"学生信息表"，使用"窗体向导"按钮创建图4-3所示的窗体，具体操作步骤如下。

① 在"创建"选项卡的"窗体"组中单击"窗体向导"按钮。

② 在"窗体向导"对话框中的"表/查询"下拉列表中选择"表:学生信息表"选项，在"可用字段"列表框中依次双击所有字段，或者单击 >> 按钮，将该列表框中的所有字段添加至"选定字段"列表框中，单击"下一步"按钮。

< 57 >

③ 确定窗体使用的布局。在打开的对话框中选中"纵栏表"单选按钮，单击"下一步"按钮。

④ 在打开的对话框中选中"打开窗体查看或输入信息"单选按钮，单击"完成"按钮，可以看到创建的窗体，保存该窗体并将其重命名为"学生信息表-窗体向导"，如图4-5所示。

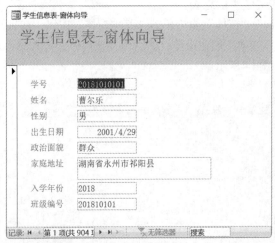

图 4-5　将创建的窗体保存并重命名为"学生信息表 - 窗体向导"

【实验4.7】基于实验4.6的窗体查看不同类型的窗体视图，具体操作步骤如下。

① 在导航窗格中，双击以打开窗体"学生信息表-窗体向导"。

② 打开"窗体设计工具→设计"选项卡中的"视图"下拉列表，如图4-6所示；或者在窗体标题栏中单击鼠标右键，在弹出的快捷菜单中选择不同视图。依次切换至"布局视图""设计视图""窗体视图"，观察各视图下显示的内容及信息的变化。

③ 在设计视图或布局视图中，选中控件，利用其四周小方块的控制柄，调整文本框和标签的大小和位置。可配合使用"窗体设计工具→排列"选项卡，使窗体中的各控件排列整齐美观。

图 4-6　"视图"下拉列表

④ 在设计视图中查看"主体"节并添加窗体页眉/页脚、页面页眉/页脚，熟悉设计视图的组成。

> **！ 思考**
>
> 对比窗体视图、布局视图和设计视图，如果需要进行窗体本身的设置，可用什么视图？如果需要调整窗体内部控件的属性，可用什么视图？如果需要在窗体中浏览数据记录，可用什么视图？

3．自定义窗体

（1）使用"空白窗体"按钮创建窗体

【实验4.8】基于"学生信息表"，使用"空白窗体"按钮创建自定义窗体，如图4-7所示，具体操作步骤如下。

① 在"创建"选项卡的"窗体"组中单击"空白窗体"按钮，创建窗体。单击"窗体布局工具→设计"选项卡"视图"组中的"视图"按钮，切换至设计视图。

② Access会自动将窗体命名为"窗体1"。在该窗体的

图 4-7　使用"空白窗体"按钮创建的窗体

< 58 >

主体部分单击鼠标右键，在弹出的快捷菜单中执行相应的命令，添加"窗体页眉"节和"窗体页脚"节，如图4-8所示。缩小"窗体页脚"节的高度，以便进行页眉及主体部分的设计。

③ 添加标签控件，效果如图4-9所示。单击"窗体布局工具→设计"选项卡"控件"组中的"标签"按钮，在"窗体页眉"节中按住鼠标左键并拖动，松开鼠标即可创建一个标签控件，并为其设置显示文本"学生信息管理系统"。在"窗体设计工具→设计"选项卡的"工具"组中单击"属性表"按钮，打开"属性表"窗格，选中刚创建的标签控件，在"格式"选项卡中设置"字体名称"为"楷体"，"字号"为"26"，"前景色"为"#0072BC"（蓝色），其他属性保持默认。"属性表"窗格中的设置如图4-10所示。

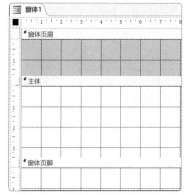

图4-8 添加"窗体页眉"节和"窗体页脚"节

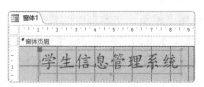

图4-9 添加标签控件

④ 在"属性表"窗格上方的下拉列表中选择"窗体"选项，切换到"数据"选项卡，将"记录源"设置为"学生信息表"，如图4-11所示。

图4-10 "属性表"窗格中的设置　　图4-11 将"记录源"设置为"学生信息表"

⑤ 在"主体"节中添加绑定型文本框。在"窗体布局工具→设计"选项卡的"控件"组中单击"文本框"按钮，在"主体"节的空白区域内绘制一个矩形框；打开"文本框向导"对话框，在其中设置字体样式及对齐方式为微软雅黑、14号、加粗、居中对齐，如图4-12所示，单击"下

< 59 >

一步"按钮。

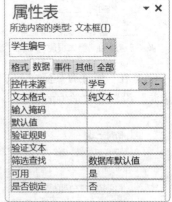

图 4-12　在"文本框向导"对话框中设置字体样式

⑥ 焦点移至该文本框时的输入法模式保持默认设置，单击"下一步"按钮，在打开的对话框中输入文本框的名称为"学生编号"，单击"完成"按钮。

⑦ 选中该文本框，在"窗体设计工具→设计"选项卡的"工具"组中单击"属性表"按钮，打开"属性表"窗格。切换至"数据"选项卡，在"控件来源"下拉列表中选择"学号"选项，如图4-13所示。

⑧ 创建新文本框，要求文本框的名称为"学生姓名"，并将其绑定至"姓名"字段。请参照"学生编号"文本框的创建步骤进行操作。在创建文本框时，如果对文本框内文字的格式不做要求，可仅创建文本框，即在"窗体布局工具→设计"选项卡的"控件"组中单击"文本框"按钮。在绘制文本框后，在"文本框向导"对话框中不做设置，直接单击"取消"按钮。

⑨ 在"窗体设计工具→设计"选项卡的"工具"组中单击"添加现有字段"按钮，打开"字段列表"窗格，双击字段"出生日期"将其添加至"主体"节，或按住鼠标左键将字段"出生日期"拖至"主体"节。

⑩ 保存窗体为"通过空白窗体创建"，并切换至窗体视图。

（2）窗体的属性

【实验4.9】为实验4.8创建的窗体设置格式属性，属性名称及属性值如表4-1所示。

图 4-13　文本框的属性设置

表4-1　　　　　　　　　　　需设置的窗体格式属性的名称及属性值

属性名称	属性值	属性名称	属性值	属性名称	属性值
标题	实验4.9学生信息表窗体-属性修改	宽度	10cm	记录选择器	否
导航按钮	是	滚动条	两者均无	最大最小化按钮	无
允许删除	否	允许编辑	否	弹出方式	是

< 60 >

具体操作步骤如下。

① 在导航窗格中打开在实验4.8中创建的窗体。

② 单击"属性表"窗格的"格式"选项卡，并按照表4-1所示内容设置窗体的格式属性，在"数据"选项卡中设置"允许删除""允许编辑"属性，在"其他"选项卡中设置"弹出方式"属性。适当调整各控件的位置和大小，使窗体中的各控件排列整齐，然后切换到窗体视图，窗体属性设置结果如图4-14所示。

图 4-14　窗体属性设置结果

用户可以按照个人需要来设计窗体。在本实验中，只对窗体属性中的一部分进行了设置，其他相关的属性设置读者可以尝试自行完成，注意体会和观察各属性设置后窗体中的变化。

（3）数据属性

"属性表"窗格的"数据"选项卡中包括"控件来源""输入掩码""验证规则""验证文本""默认值""是否锁定"等属性。"控件来源"属性用来告知Access如何检索或保存要在窗体中显示的数据。以文本框为例，如果"控件来源"属性中包含一个字段名，那么文本框中显示的就是数据表中该字段的值，对窗体中的数据进行的任何修改都会被写入字段中；如果文本框的"控件来源"属性含有一个计算表达式，那么文本框内会显示计算结果。

【实验4.10】为实验4.9创建的窗体添加一个文本框，要求显示年龄，年龄由出生日期计算得到（要求计算结果保留整数），具体操作步骤如下。

① 打开实验4.9创建的窗体的设计视图。

② 创建一个文本框，将其"标题"改为"年龄"。

③ 选中该文本框，单击"属性表"窗格的"数据"选项卡，单击"控件来源"文本框，输入计算年龄的公式"=Year(Date()) - Year([出生日期])"。"属性表"窗格中的设置如图4-15所示。

④ 选中该文本框，单击"属性表"窗格中的"其他"选项卡，将"名称"属性设置为"年龄Txt"。

⑤ 切换到窗体视图，窗体显示效果如图4-16所示。

< 61 >

图 4-15 "属性表"窗格中的设置　　　　图 4-16 窗体视图中的窗体显示效果

4.2 设计窗体的实验

【实验4.11】基于"学生信息表""班级信息表""项目信息表""学生参与活动信息表"，创建"学生综合信息窗体"，效果如图4-17所示，具体操作步骤如下。

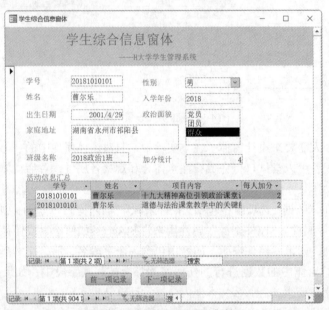

实验4.11

图 4-17 "学生综合信息窗体"效果

（1）创建绑定型文本框

① 根据"学生信息表"可知，窗体中应包含如下标签：学号、姓名、出生日期、家庭地址、入学年份。这些标签对应的字段数据在文本框中显示。在"创建"选项卡的"窗体"组中单击"窗体向导"按钮，在打开的对话框中的"表/查询"下拉列表中选择"表:学生信息表"选项，依次双击"学号""姓名""出生日期""家庭地址""入学年份"字段，将其添加到"选定字段"列表框中，如图4-18所示，然后单击"下一步"按钮。

② 选中"纵栏表"单选按钮，单击"下一步"按钮。

< 62 >

图 4-18　在窗体向导中选择窗体数据源和选定字段

③ 指定窗体名称为"学生综合信息窗体"，选中"修改窗体设计"单选按钮，单击"完成"按钮。

④ 在设计视图中，调整窗体中的"主体"节及各文本框至合适大小。"窗体设计工具→排列"选项卡中"调整大小和顺序"组中包含设置大小和对齐的多个按钮，灵活运用，可以保证窗体显示内容完整，控件布局合理。

（2）创建组合框

① 根据"学生信息表"为"性别"设置组合框，其中包含"男"和"女"选项。在"窗体设计工具→设计"选项卡中单击"控件"组中的"组合框"按钮，在窗体的适当位置绘制一个组合框。

② 在打开的"组合框向导"对话框中，选中"自行键入所需的值"单选按钮，单击"下一步"按钮。

③ 在下一级对话框第1列的前2行中分别输入"男"和"女"，单击"下一步"按钮，如图4-19所示。

④ 在下一级对话框中，选中"将该数值保存在这个字段中"单选按钮，在其右侧下拉列表中选择"性别"选项，设置选项值的保存位置，如图4-20所示，单击"完成"按钮。

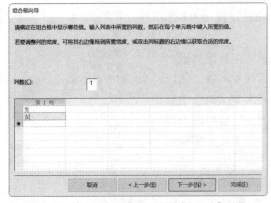

图 4-19　输入组合框选项后单击"下一步"按钮

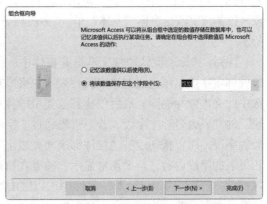

图 4-20　选择将数值保存在性别字段中

< 63 >

⑤ 选中该列表框的标签，在"属性表"窗格中将"标题"设置为"性别"。

（3）以列表框的形式显示政治面貌

① 根据"学生信息表"为"政治面貌"设置列表框，其中包含"党员""团员""群众"选项。在"窗体设计工具→设计"选项卡中单击"控件"组中的"列表框"按钮，在窗体的适当位置绘制一个列表框。

② 在弹出的"列表框向导"对话框中，选中"自行键入所需的值"单选按钮，单击"下一步"按钮。

③ 在下一级对话框第1列的前3行中分别输入"党员""团员""群众"，单击"下一步"按钮，如图4-21所示。

④ 在下一级对话框中，选中"将该数值保存在这个字段中"单选按钮，在其右侧下拉列表中选择"政治面貌"选项，设置选项值的保存位置，如图4-22所示，单击"完成"按钮。设置完成后，请观察"属性表"窗格中该控件"数据"选项卡中"控件来源""行来源""行来源类型"的属性值。

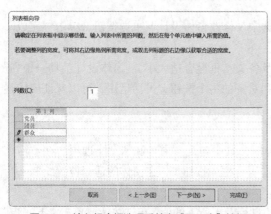

图 4-21　输入组合框选项后单击"下一步"按钮　　　图 4-22　设置选项值的保存位置

（4）以文本框的形式添加相关表中的班级名称

将"班级信息表"中的"班级名称"字段添加到视图中。在"窗体设计工具→设计"选项卡中单击"工具"组中的"添加现有字段"按钮，在"字段列表"窗格中单击"显示所有表"链接，在"相关表中的可用字段"中，展开"班级信息表"，双击"班级名称"字段，添加该字段至窗体"主体"节。"字段列表"窗格设置如图4-23所示。

注意：Access默认添加文本框到窗体中。如需采用其他类别的控件绑定字段，可先通过"字段列表"窗格添加默认文本框，然后选中此文本框并删除，最后创建其他类型的控件来绑定"班级信息表"的"班级名称"字段。若不首先通过"字段列表"窗格添加相关字段，而直接创建其他控件绑定相关表字段，将无法正常显示相关表的字段内容。若要正常显示，需要在窗体"属性表"窗格的"数据"选项卡的"记录源"属性中，以SQL语句的形式将两张表的数据进行关联查询定义，即"Select学生信息表.*, 班级信息表.班级名称From班级信息表Inner Join学生信息表On班级信息表.班级编

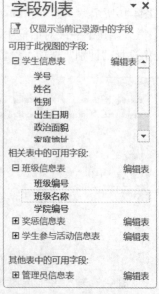

图 4-23　"字段列表"窗格设置

< 64 >

号=学生信息表.班级编号"。只有窗体数据源包含两张表的联合查询，才能正常显示另一张表中的相关字段。

（5）添加按钮，实现前一项记录及下一项记录的切换

① 在"窗体设计工具→设计"选项卡中单击"控件"组中的"按钮"按钮，在窗体的适当位置绘制按钮。在打开的"命令按钮向导"对话框中，设置按钮"类别"为"记录导航"、"操作"为"转至下一项记录"，如图4-24所示，单击"下一步"按钮。

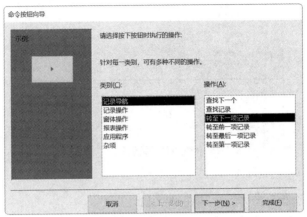

图 4-24　设置按钮的"类别"和"操作"

② 在打开的下一级对话框中，设置按钮上的显示文本为"下一项记录"，如图4-25所示，单击"完成"按钮。

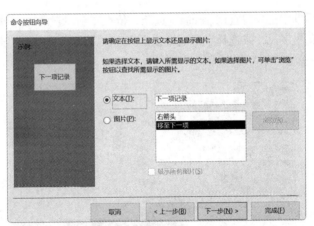

图 4-25　设置按钮的显示文本

③ 在窗体的适当位置绘制另一个按钮。在打开的"命令按钮向导"对话框中，设置按钮"类别"为"记录导航"、"操作"为"转至前一项记录"，单击"下一步"按钮；在打开的下一级对话框中，设置按钮上的文本为"前一项记录"，单击"完成"按钮。

④ 保存窗体，将窗体命名为"学生综合信息窗体"。

（6）创建查询

创建查询后，查询的各字段将显示在子窗体的数据表中。在"创建"选项卡的"查询"组中单击"查询设计"按钮，按如下要求设置：查询字段包括"学生信息表"的"学号""姓名"字段和"项目信息表"的"项目内容""每人加分值"字段，将该查询保存为"查询1"，如图4-26所示。

< 65 >

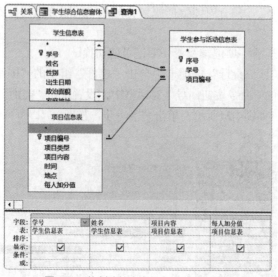

图 4-26 将创建的查询保存为"查询 1"

（7）添加子窗体

① 打开"学生综合信息窗体"，切换视图为设计视图。

② 在"窗体设计工具→设计"选项卡中单击"控件"组中的"子窗体/子报表"按钮，在主窗体中的适当位置绘制控件。

③ 在打开的"子窗体向导"对话框中，选中"使用现有的表和查询"单选按钮，单击"下一步"按钮。

④ 在下一级对话框中选择"查询:查询1"选项，依次双击"查询1"中的"学号""姓名""项目内容""每人加分值"字段，或选择字段后单击 > 按钮，将它们添加到"选定字段"列表框中，如图4-27所示，然后单击"下一步"按钮。

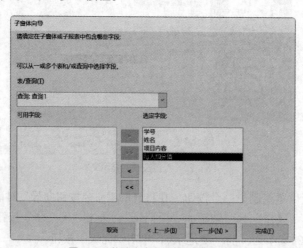

图 4-27 将选定字段添加到列表框中

⑤ 确定主/子窗体的链接字段。选中"从列表中选择"单选按钮，并选择"对<SQL语句>中的每个记录用学号显示查询1"选项，即以"学号"字段关联主/子窗体，如图4-28所示，单击"下一步"按钮。

⑥ 指定"子窗体/子报表"控件的名称为"活动信息汇总"，单击"完成"按钮。

< 66 >

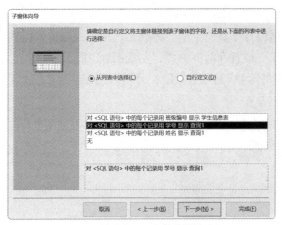

图 4-28　确定主 / 子窗体的链接字段

（8）设置标题

① 在使用窗体向导创建窗体时，默认在"窗体页眉"节中添加标签控件，其显示内容为窗体名称——"学生综合信息窗体"。也可手动设置标题。单击"窗体设计工具→设计"选项卡中"页眉/页脚"组的"标题"按钮，即可在"窗体页眉"节中添加一个新标签控件，设置其标题为"学生综合信息窗体"。

② 设置副标题。在"窗体设计工具→设计"选项卡中单击"控件"组中的"标签"按钮，在"窗体页眉"节的标题下方，绘制一个适当大小的矩形框，输入"——H大学学生管理系统"。

（9）统计学生活动加分总和

① 在"活动信息汇总"窗体（子窗体）的"窗体页眉"节或"窗体页脚"节中添加计算型文本框控件，设置该文本框控件的"名称"属性为"加分统计"、"控件来源"属性为"=Sum(［每人加分值］)"，效果如图4-29所示，然后保存窗体。

② 在主窗体的"主体"节中添加一个文本框控件，设置该文本框控件的"控件来源"属性为"=［活动信息汇总］.［Form］!［加分统计］"，以引用子窗体中"加分统计"控件的值。将该文本框的标签修改为"加分统计"，名称可保持默认，如图4-30所示。数据来源也可以在"表达式生成器"对话框中设置。

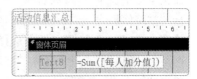

图 4-29　在子窗体中添加计算型文本框控件并设置其属性

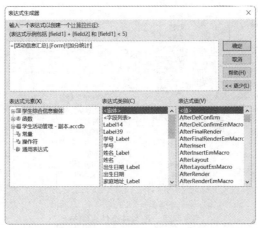

图 4-30　在主窗体中添加文本框控件并设置其属性

（10）适当调整

使用鼠标配合"窗体设计工具"中的"排列"选项卡，调整各标签、文本框、列表框、组合框、按钮及子窗体的大小、位置和对齐方式，实现图4-17所示的"学生综合信息窗体"效果。

【实验4.12】根据本书第4章配套数据库，分析并创建"学生奖惩信息窗体"，效果如图4-31所示，操作步骤如下。

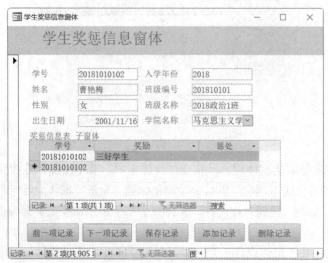

实验4.12和
实验4.13

图 4-31 "学生奖惩信息窗体"效果

（1）主窗体设计

① 查看并确认表间关系，如图4-32所示。由"学生信息表""班级信息表""学院信息表"可知，窗体中应包含标签学号、姓名、性别、出生日期、入学年份、班级名称，其对应的字段值在文本框中显示。"班级名称"字段来自"班级信息表"；"学院名称"字段在组合框中显示，来自"学院信息表"。在"创建"选项卡的"窗体"组中单击"窗体向导"按钮，在打开的对话框的"表/查询"下拉列表框中选择"表:学生信息表"选项，将"学号""姓名""性别""出生日期""入学年份""班级名称"字段添加至"选定字段"列表框中，如图4-33和图4-34所示，然后单击"下一步"按钮。

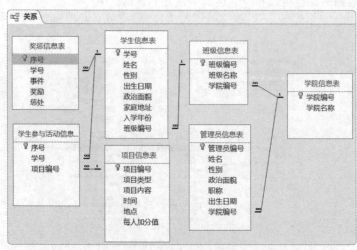

图 4-32 查看并确认表间关系

< 68 >

图 4-33 添加"学生信息表"的相应字段至"选定字段"列表框中

图 4-34 添加"班级信息表"的相应字段至"选定字段"列表框中

② 确定查看数据的方式。通过"学生信息表"以单个窗体的形式显示以上选定字段的内容，如图4-35所示，然后单击"下一步"按钮。

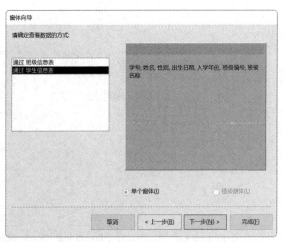

图 4-35 通过"学生信息表"以单个窗体的形式显示选定字段

< 69 >

③ 在对话框中选中"纵栏表"单选按钮，单击"下一步"按钮。

④ 输入窗体名称"学生奖惩信息窗体"，选中"修改窗体设计"单选按钮，单击"完成"按钮。

⑤ 在设计视图中，调整窗体中的"主体"节及各文本框至合适大小。

⑥ 打开"属性表"窗格，在窗体的设计视图中单击左上角的窗体选择器，或在"属性表"窗格上方的下拉列表中选择"窗体"选项，单击"数据"选项卡"记录源"属性后的 按钮；在打开的"显示表"对话框中双击"学院信息表"选项，然后关闭"显示表"对话框；在查询设计中添加"学院信息表"中的"学院名称"字段，如图4-36所示。设置完成后，在标题"学生奖惩信息窗体:查询生成器"上单击鼠标右键，利用快捷菜单中的命令保存并关闭该窗口。

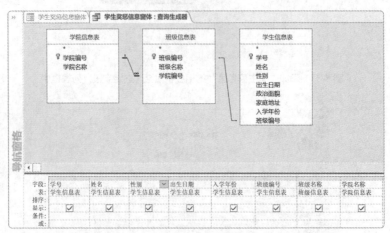

图 4-36　在查询设计中添加"学院信息表"中的"学院名称"字段

⑦ 在"窗体设计工具→设计"选项卡中单击"控件"组中的"组合框"按钮 ，在窗体的适当位置绘制组合框。在弹出的"组合框向导"对话框选中"使用组合框获取其他表或查询中的值。"单选按钮，如图4-37所示。选中"表"单选按钮且选择"表:学院信息表"选项，设置组合框中值的来源，如图4-38所示。选择"学院信息表"中需要在组合框中显示的字段"学院名称"，如图4-39所示。不设置排序，列的宽度保持默认，将数值保存到"学院名称"字段中，如图4-40所示，然后单击"完成"按钮。若组合框未能正常显示字段值，选择该组合框，打开"属性表"窗格，将"数据"选项卡的"绑定列"属性设置为"2"，因为"学院名称"字段在"学院信息表"的第2列。

图 4-37　选中"使用组合框获取其他表或查询中的值。"单选按钮

< 70 >

图 4-38　设置组合框中值的来源

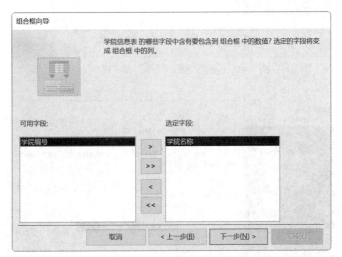

图 4-39　选择"学院名称"选项

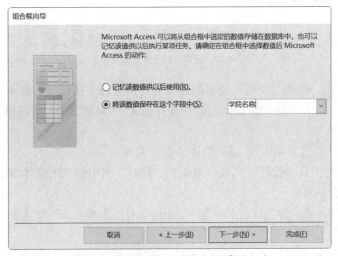

图 4-40　将数值保存在"学院名称"字段中

< 71 >

⑧ 在"窗体设计工具→设计"选项卡中单击"控件"组中的"按钮"按钮 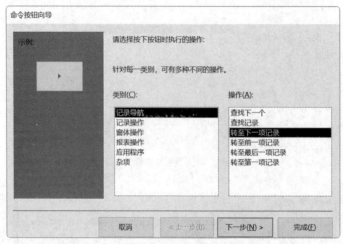，在窗体的适当位置绘制按钮。在弹出的"命令按钮向导"对话框中，设置按钮"类别"为"记录导航"、"操作"为"转至下一项记录"，如图4-41所示，单击"下一步"按钮。设置按钮上的显示文本为"下一项记录"，如图4-42所示，单击"完成"按钮。

图 4-41　设置按钮的"类别"和"操作"

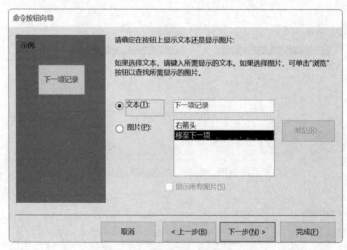

图 4-42　设置按钮上的显示文本

⑨ 用同样的方法，使用"按钮"按钮创建功能为转至前一项记录、显示文本为"前一项记录"的按钮，以及"操作"为"添加新记录""保存记录""删除记录"的按钮。

（2）添加子窗体

① 打开"学生奖惩信息窗体"，切换视图为设计视图。

② 在"窗体设计工具→设计"选项卡中单击"控件"组中的"子窗体/子报表"按钮，在主窗体中的适当位置绘制控件。

③ 在弹出的"子窗体向导"对话框中选中"使用现有的表和查询"单选按钮，单击"下一步"按钮。

④ 在下一级对话框中选择"表:奖惩信息表"选项，依次双击"可用字段"列表框中的"学号""奖励""惩处"字段，将它们添加到"选定字段"列表框中，如图4-43所示，然后单击"下

< 72 >

一步"按钮。

⑤ 确定主窗体和子窗体的链接字段。选中"从列表中选择"单选按钮，并选择"对<SQL语句>中的每个记录用学号显示奖惩信息表"选项，即以"学号"字段关联主窗体和子窗体，如图4-44所示，单击"下一步"按钮。

⑥ "子窗体/子报表"的名称保持默认的"奖惩信息表 子窗体"，单击"完成"按钮。

图 4-43　将选定字段添加到列表框中

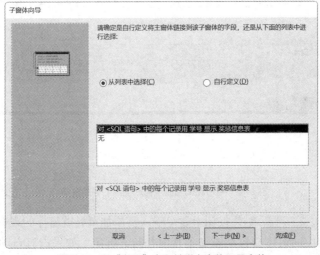

图 4-44　以"学号"字段关联主窗体和子窗体

> **! 思考**
>
> 　　可否应用窗体添加新记录？答案是可以。使用本实验中创建的窗体添加一条新的记录，方法为单击"添加记录"按钮，在窗体的空文本框中输入数据。注意：因为表间关系数据参照完整性设置，新输入的学号、姓名、性别、出生日期、入学年份都可自定义，但是班级编号必须为数据库中的"班级信息表"中已存在的班级编号。如需添加奖惩信息，可在子窗体中输入对应内容，最后单击"保存记录"按钮。输入完成后，请查看"学生信息表""奖惩信息表"的末尾，确认数据是否添加至对应表中。

< 73 >

【实验4.13】创建"导航窗体"，其中包含实验4.11和实验4.12中创建的窗体，并将"导航窗体"设置为默认显示窗体，显示效果如图4-45所示，具体操作步骤如下。

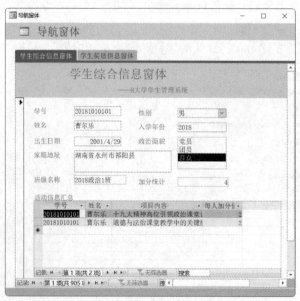

图 4-45 "导航窗体"的显示效果

① 单击"创建"选项卡"窗体"组中的"导航"按钮，在其下拉列表中选择需要的标签样式（如"水平标签"），Access会自动创建一个包含导航控件的窗体，并以布局视图显示，如图4-46所示。

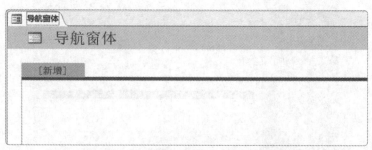

图 4-46 用布局视图显示自动创建的导航窗体

② 在布局视图中，在"[新增]"按钮上逐个输入需添加至导航窗体的现有窗体的完整名称，然后按Enter键，则相应的窗体会自动添加到其中并与其绑定。如果没有自动添加，请检查导航窗体中输入的窗体名称与需添加的现有窗体的名称是否一致。另一种添加已有窗体至导航窗体的方法是在Access左侧导航窗格中选中需要添加的窗体，将其拖至导航窗体的相应位置。

③ 如需删除已添加的窗体，可以在要删除窗体的对应选项卡上单击鼠标右键，在弹出的快捷菜单中执行"删除"命令。

④ 保存该导航窗体，将其命名为"导航窗体"。

⑤ 将"导航窗体"设置为默认显示窗体。选择"文件"选项卡中的"选项"选项，在打开的"Access选项"对话框中，单击"当前数据库"选项卡；从"应用程序选项"中的"显示窗体"下拉列表中选择"导航窗体"选项，将其作为默认显示窗体，则下次打开数据库时默认显示"导航窗体"。

< 74 >

【实验4.14】创建包含两个按钮的"切换面板窗体",其中包含实验4.11和实验4.12中创建的窗体,具体操作步骤如下。

① 在"创建"选项卡的"窗体"组中单击"空白窗体"按钮,并打开窗体的设计视图。

② 单击"窗体设计工具→设计"选项卡"控件"组中的"按钮"按钮,在窗体设计视图中单击,打开"命令按钮向导"对话框。在该对话框中,分别选择"窗体操作"选项和"打开窗体"选项,如图4-47所示。

③ 单击"下一步"按钮,确定按钮打开的窗体,从列表框中选择"学生综合信息窗体"选项,如图4-48所示。

图 4-47 分别选择"窗体操作"选项和"打开窗体"选项

图 4-48 选择"学生综合信息窗体"选项

④ 单击"下一步"按钮,指定打开窗体后的动作。如果要在打开窗体后实现查找并显示特定数据的功能,则需要选中"打开窗体并查找要显示的特定数据"单选按钮;如果只需要显示所有记录,则选中"打开窗体并显示所有记录"单选按钮。本例选中"打开窗体并显示所有记录"单选按钮。

⑤ 单击"下一步"按钮,指定在按钮上的显示文本或图片。如果选中"图片"单选按钮,可以单击"浏览"按钮,在计算机中选择一张图片。本例选中"文本"单选按钮,并输入文本内容"学生综合信息窗体"。

⑥ 单击"下一步"按钮,为按钮指定名称,然后单击"完成"按钮,即可完成按钮的创建。

⑦ 用同样的方法再添加一个按钮控件,用于打开"学生奖惩信息窗体"。窗体的设计视图如图4-49所示。

⑧ 单击快速访问工具栏中的"保存"按钮,保存当前的窗体为"切换面板窗体"。切换为窗体视图,可以浏览创建的按钮在运行时的效果,如图4-50所示。单击窗体中的按钮,可打开指定的窗体。

图 4-49 窗体的设计视图

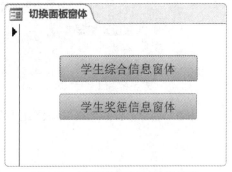
图 4-50 创建的按钮在运行时的效果

< 75 >

第5章 报表的实验

报表是Access中一种专门为打印而设计的对象。本章安排了创建报表和计算报表等实验，以期达到以下实验目的。

① 掌握创建报表的操作步骤。

② 掌握计算报表的实现方法。

5.1 创建报表的实验

Access提供了多种创建报表的方法，用户可以通过单击"报表""报表设计""空报表""报表向导""标签"5个按钮创建报表，如图5-1所示。在"创建"选项卡的"报表"组中可以找到上述按钮。

1．使用"报表"按钮创建报表

【实验5.1】以"学生信息表"为数据源，使用"报表"按钮创建报表。具体操作步骤如下。

① 打开"学生活动管理"数据库，在导航窗格中选中"学生信息表"，如图5-2所示。

图 5-1　用于创建报表的按钮

图 5-2　选中数据表

② 在"创建"选项卡的"报表"组中单击"报表"按钮，"学生信息表"报表会立即生成，

并自动切换到布局视图，如图5-3所示。

学号	姓名	性别	出生日期	政治面貌	家庭地址	入学年份	班级编号
20181010101	曹尔乐	男	2001/4/29	群众	湖南省永州市祁阳县	2018	201810101
20181010102	曹艳梅	女	2001/11/16	群众	湖南省衡阳市雁峰区	2018	201810101
20181010103	吴晓玉	女	2001/6/19	团员	湖南省衡阳市衡南县	2018	201810101
20181010104	谯茹	女	2002/4/24	团员	江苏省淮安市盱眙县	2018	201810101
20181010105	曹卓	男	2001/6/9	群众	云南省昭通市巧家县	2018	201810101
20181010106	牛雪瑞	女	2001/1/3	团员	山东省潍坊市寿光市	2018	201810101
20181010107	吴鸿腾	女	2002/2/26	群众	湖南省永州市道县	2018	201810101
20181010108	仇新	男	2002/3/2	群众	湖南省湘西土家族苗族自治州吉首市	2018	201810101
20181010109	杜佳毅	女	2001/12/11	团员	湖南省郴州市临武县	2018	201810101
20181010110	付琴	女	2002/4/20	群众	贵州省贵阳市白云区	2018	201810101

图 5-3 用布局视图显示创建的报表

③ 查看生成的报表。若不能满足要求，可以在布局视图或设计视图中进行修改。

④ 保存报表，使用其默认名称"学生信息报表1"，单击"确定"按钮，如图5-4（a）所示。保存后，导航窗格的报表列表中会出现相应的报表名称，如图5-4（b）所示。

（a）使用默认名称保存报表　　　　　　　　　（b）报表名称列表

图 5-4 使用默认名称保存报表及报表名称列表

2. 使用"报表设计"按钮创建报表

【实验5.2】使用"报表设计"按钮创建"学生信息报表2"，具体操作步骤如下。

① 打开"学生活动管理"数据库，在导航窗格中选中"学生信息表"。

② 在"创建"选项卡的"报表"组中单击"报表设计"按钮，进入设计视图，如图5-5所示。

③ 在网格右侧的区域内单击鼠标右键，在弹出的快捷菜单中执行"报表属性"命令，如图5-6（a）所示；打开"属性表"窗格，如图5-6（b）所示。

④ 单击"属性表"窗格中"数据"选项卡"记录源"右侧的□按钮，打开"显示表"对话框，如图5-7所示。

⑤ 在打开的"显示表"对话框中双击"学生信息表"，关闭该对话框。在"报表1：查询生成器"中选择需要输出的字段（如"学号""姓名""性别""出生日期""政治面貌""家庭地址""入

< 77 >

学年份""班级编号"），将它们添加到设计网格中，如图5-8所示。

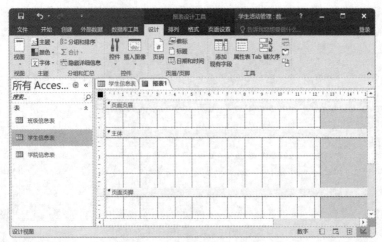

图 5-5 进入报表的设计视图

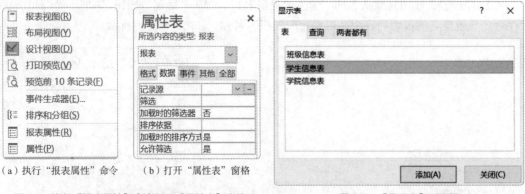

图 5-6 执行"报表属性"命令打开"属性表"窗格   图 5-7 "显示表"对话框

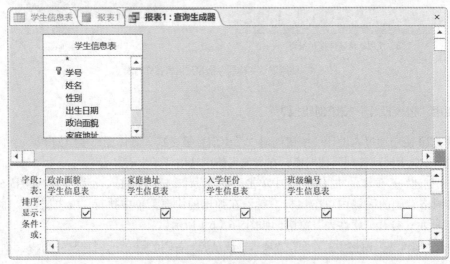

图 5-8 将报表中要输出的字段添加到设计网格中

⑥ 关闭"报表1：查询生成器"，在完成记录源的设置后，关闭"属性表"窗格，返回报表

< 78 >

的设计视图。单击"报表设计工具→设计"选项卡"工具"组中的"添加现有字段"按钮，在界面右侧打开"字段列表"窗格，将"字段列表"窗格中的字段依次拖到报表的"主体"节中，并适当调整位置，如图5-9所示。字段标识和字段名称默认是相同的。可单击相应文本，进入编辑状态，对其进行修改。字段标识和字段名称默认是成对移动的。若需要单独移动，拖动其左上角的小方块即可。

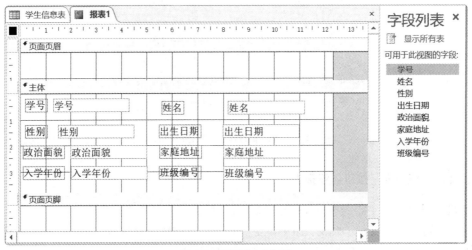

图 5-9　设置"主体"节

⑦ 切换到"页面页眉"节中，单击"报表设计工具→工具"选项卡"控件"组中的"标签"按钮 ，然后在"页面页眉"节中绘制标签控件，将标签控件设置成适当的大小，在标签控件中输入"学生名单"。选中该标签控件，单击鼠标右键，在弹出的快捷菜单中执行"属性表"命令，在打开的"属性表"窗格中设置标签文字的字号和文本对齐方式。"页面页眉"节的设计效果如图5-10所示。

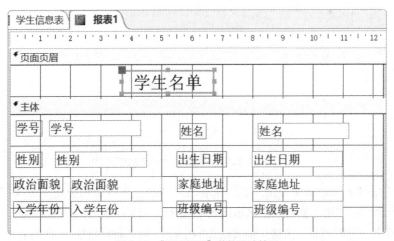

图 5-10　"页面页眉"节的设计效果

⑧ 保存报表，并将其命名为"学生信息报表2"。切换到打印预览视图，可以看到使用"报表设计"按钮创建的报表，如图5-11所示。

< 79 >

图 5-11　使用"报表设计"按钮创建的报表

3．使用"空报表"按钮创建报表

【实验5.3】使用"空报表"按钮创建"班级信息报表"，具体操作步骤如下。

① 在"创建"选项卡"报表"组中单击"空报表"按钮，直接进入报表的布局视图，并且在界面的右侧自动打开"字段列表"窗格，如图5-12所示。

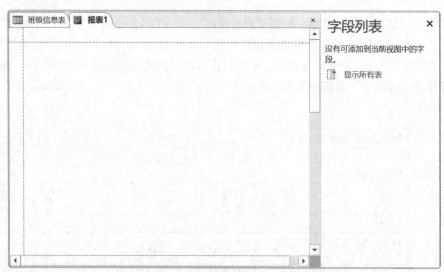

图 5-12　报表的布局视图和"字段列表"窗格

② 在"字段列表"窗格中单击"显示所有表"链接，在列表中单击"班级信息表"和"学院信息表"前面的⊞ 按钮，窗格中会显示出表中包含的字段名称，如图5-13所示。

③ 依次双击"字段列表"窗格中需要输出的字段，如"班级编号""班级名称""学院名称"如图5-14所示。

④ 保存报表，并将其命名为"班级信息报表"。切换到打印预览视图，可以看到使用"空报表"按钮创建的报表的输出效果，如图5-15所示。

< 80 >

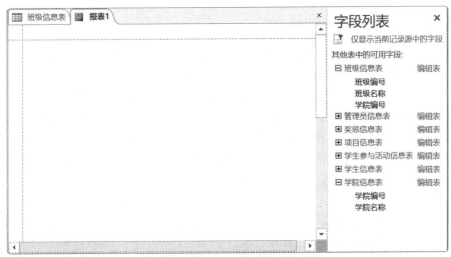

图 5-13 窗格中显示表中包含的字段名称

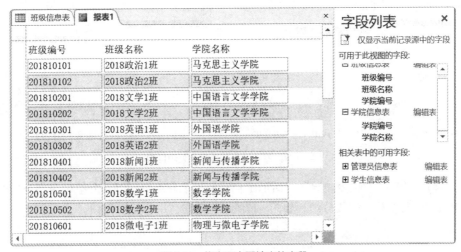

图 5-14 依次双击要输出的字段

班级编号	班级名称	学院名称
201810101	2018政治1班	马克思主义学院
201810102	2018政治2班	马克思主义学院
201810201	2018文学1班	中国语言文学学院
201810202	2018文学2班	中国语言文学学院
201810301	2018英语1班	外国语学院
201810302	2018英语2班	外国语学院
201810401	2018新闻1班	新闻与传播学院
201810402	2018新闻2班	新闻与传播学院
201810501	2018数学1班	数学学院
201810502	2018数学2班	数学学院

图 5-15 使用"空报表"按钮创建的报表输出效果

< 81 >

4．使用"报表向导"按钮创建报表

【实验5.4】使用"报表向导"按钮创建"班级信息报表"，具体操作步骤如下。

① 在导航窗格中选择"班级信息表"。

② 在"创建"选项卡的"报表"组中单击"报表向导"按钮，打开"报表向导"对话框，这时数据源默认为"表:班级信息表"；在"可用字段"列表框中依次双击"班级编号""班级名称"字段，将它们添加到"选定字段"列表框中；在"表/查询"下拉列表中选择数据源"表:学院信息表"选项，在"可用字段"列表框中双击"学院名称"字段，将字段添加到"选定字段"列表框中，如图5-16所示，然后单击"下一步"按钮。

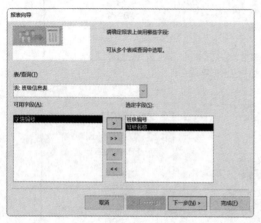 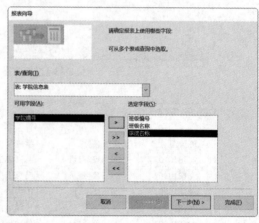

（a）将"班级编号""班级名称"字段添加到列表框中　　　　（b）将"学院名称"字段添加到列表框中

图 5-16　将选定字段添加到列表框中

③ 在打开的第2个"报表向导"对话框中自动给出了分组级别以及分组后报表布局的预览效果。这里按"学院名称"字段分组，如图5-17所示，单击"下一步"按钮。

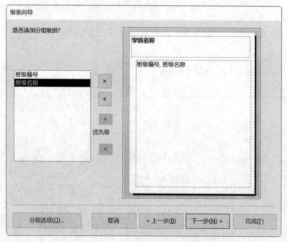

图 5-17　按"学院名称"字段分组

④ 在打开的第3个"报表向导"对话框中，确定报表记录的排列次序。这里选择按"班级编号"升序排列，如图5-18所示，单击"下一步"按钮。

< 82 >

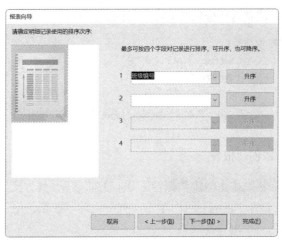

图 5-18　按"班级编号"升序排列

⑤ 在打开的第4个"报表向导"对话框中，确定报表采用的布局方式。这里在"布局"选项组中选中"块"单选按钮，在"方向"选项组中选中"纵向"单选按钮，如图5-19所示，单击"下一步"按钮。

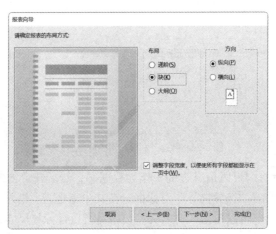

图 5-19　选择布局方式

⑥ 在打开的最后一个"报表向导"对话框中，输入报表的标题"班级信息报表"，选中"预览报表"单选按钮，然后单击"完成"按钮，设计的报表如图5-20所示。

图 5-20　设计的报表

< 83 >

在设计视图中可以对记录进行分组和排序，如图5-21所示。

图 5-21　可在设计视图中对记录进行分组和排序

5．使用"标签"按钮创建报表

【实验5.5】使用"标签"按钮创建"标签 班级信息报表"，具体操作步骤如下。

① 在"创建"选项卡的"查询"组中单击"查询设计"按钮，创建一个新的查询，并将其保存为"班级信息查询"，如图5-22所示。

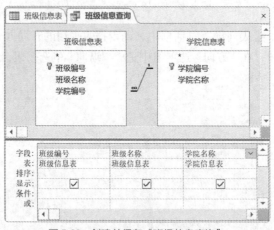

图 5-22　创建并保存"班级信息查询"

② 在导航窗格中选择"班级信息查询"作为数据源，然后在"创建"选项卡的"报表"组中单击"标签"按钮，打开"标签向导"对话框，在其中指定需要的尺寸，如图5-23所示。如果预设尺寸均不能满足需要，可以单击"自定义"按钮自行设计标签尺寸，完成后单击"下一步"按钮。

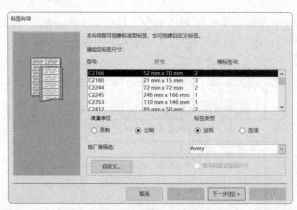

图 5-23　选择标签尺寸

③ 在打开的第2个"标签向导"对话框中，可以根据需要设置标签文本的字体、字号和颜色等，如图5-24所示。设置完成后，单击"下一步"按钮。

< 84 >

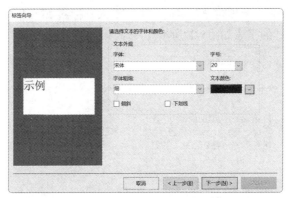

图 5-24 设置标签文本的字体、字号和颜色

④ 在打开的第3个"标签向导"对话框中的"可用字段"列表框中双击"班级编号""班级名称""学院名称"字段，将它们添加到"原型标签"列表框中。为了让标签的意义更明确，在每个字段前输入需要的标识文本，如图5-25所示，然后单击"下一步"按钮。"原型标签"列表框是一种微型文本编辑器，在该列表框中可以对文本和添加的字段进行修改和删除等操作。如果想要删除其中的文本和字段，按BackSpace键即可。

图 5-25 在每个字段前输入标识文本

⑤ 在打开的第4个"标签向导"对话框中，在"可用字段"列表框中双击"班级编号"字段，把它添加到"排序依据"列表框中，如图5-26所示，单击"下一步"按钮。

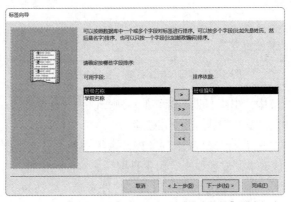

图 5-26 将"班级编号"字段添加到"排序依据"列表框中

< 85 >

⑥ 在打开的最后一个"标签向导"对话框中，输入"标签 班级信息报表"作为报表名称，单击"完成"按钮，设计的报表如图5-27所示。

图 5-27 设计的报表

> 思考
>
> 在哪种情况下会使用"标签"按钮创建标签报表？

5.2 计算报表的实验

【实验5.6】计算学生的年龄，并用计算结果替换原"学生名单"报表中的"出生日期"字段值。具体操作步骤如下。

① 使用"报表设计"按钮创建一个"学生名单"报表，然后打开报表的设计视图，如图5-28所示。

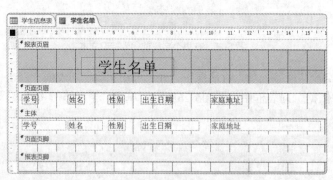

图 5-28 打开"学生名单"报表的设计视图

② 将"页面页眉"节中"出生日期"标签的标题修改为"年龄"。

③ 将"主体"节中的"出生日期"文本框删除。

④ 在"报表设计工具→设计"选项卡的"控件"组中单击"文本框"按钮，在"主体"节中添加一个文本框，把该文本框放在原来"出生日期"文本框的位置，并把它的附加标签删除。

⑤ 双击文本框，打开"属性表"窗格，设置"控件来源"属性为"=Year(Date())- Year([出生日期])"，如图5-29所示。

< 86 >

⑥ 单击"报表设计工具→设计"选项卡"视图"组中的"视图"按钮，切换到报表视图，可以看到报表中"年龄"字段的计算结果如图5-30所示，保存修改结果。

图 5-29 设置"控件来源"属性

学生名单

学号	姓名	性别	年龄	家庭地址
20181010101	曹尔乐	男	20	湖南省永州市祁阳县
20181010102	曹艳梅	女	20	湖南省衡阳市雁峰区
20181010103	吴晓玉	女	20	湖南省衡阳市衡南县
20181010104	谯茹	女	19	江苏省淮安市盱眙县
20181010105	曹卓	男	20	云南省昭通市巧家县
20181010106	牛雪瑞	女	20	山东省潍坊市寿光市

图 5-30 报表中"年龄"字段的计算结果

！思考

利用上述操作如何计算所有学生到2030年时的年龄？

5.3 预览和打印报表的实验

【实验5.7】打印"学生名单"报表，具体操作步骤如下。

① 打开实验5.6创建的"学生名单"报表。

② 在导航窗格中选择"学生名单"报表，单击鼠标右键，弹出的快捷菜单如图5-31所示。执行"打印预览"命令，打开报表的打印预览视图，如图5-32所示。

图 5-31 快捷菜单

图 5-32 报表的打印预览视图

③ 在打印预览视图中，可以看到报表的打印效果及全部记录。单击"打印预览"选项卡"显示比例"组的"单页""双页""其他页面"按钮，可以不同方式预览报表。

④ 单击"打印预览"选项卡"页面布局"组中的"页面设置"按钮，打开"页面设置"对话框，如图5-33所示。单击"打印选项"选项卡可设置页边距，还可以选择是否只打印数据；单

< 87 >

击"页"选项卡可设置打印方向、纸张大小、纸张来源和打印机等；单击"列"选项卡可更改报表的外观，将报表设置成多栏式报表，如图5-34所示。

图 5-33 "页面设置"对话框　　　　　　　　图 5-34　设置"列"选项卡

⑤ 对报表进行页面设置后，确认报表显示效果无误即可对报表进行打印。单击"打印预览"选项卡"打印"组中的"打印"按钮，打开"打印"对话框，如图5-35所示。在该对话框中可以设置打印的范围、打印份数、打印机等。在完成设置后，单击"确定"按钮，打印报表，如图5-36所示。

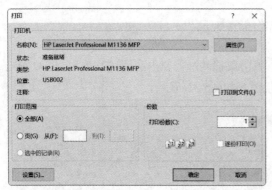

图 5-35 "打印"对话框　　　　　　　　　图 5-36　打印报表

 思考

在Access中，切换到打印预览视图有哪几种方式？

< 88 >

第6章 宏的实验

本章安排了宏的创建和基本操作、带条件的宏、嵌入宏与事件（Event）、数据宏等实验，以期达到以下实验目的。

① 掌握宏的概念及基本操作，了解宏的功能。

② 熟悉宏设计器的操作界面及添加宏操作。

③ 熟悉常用的宏操作。

④ 掌握独立宏、带条件的宏、嵌入宏、子宏（Submacro）、数据宏的创建与设计方法。

⑤ 了解事件的概念与应用方法，熟悉事件调用宏的方法。

6.1 宏的创建和修改宏操作的实验

宏的创建与设计很方便，不需要学习语法知识，也不需要编写任何代码。Access中的宏是在宏设计器中创建的，宏设计器又称为宏的设计视图。使用宏设计器可以轻松地创建、编辑和自动化数据库逻辑，使用户可以更高效地工作，轻松地整合复杂的逻辑，以创建功能强大的应用程序。

6.1.1 宏的创建

在使用宏之前需要先创建宏。宏的创建比较简单，不用编写代码，只需要根据需求添加宏操作、设置参数、设置宏名、保存宏等即可。

【实验6.1】创建一个宏，其中只包含一个MessageBox宏操作。运行该宏后，打开一个显示"欢迎使用学生活动管理信息系统！"的对话框，将宏的名称设置为"欢迎消息"。具体操作步骤如下。

① 启动Access，单击"创建"选项卡"宏与代码"组中的"宏"按钮，打开宏设计器，如图6-1所示，默认的宏名称为"宏1"。

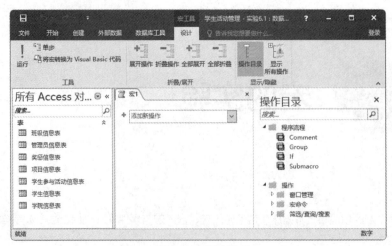

图 6-1　宏设计器

② 单击宏设计器中"添加新操作"右侧的下拉按钮，从下拉列表中选择"MessageBox"选项，或是直接在"添加新操作"文本框内输入"MessageBox"添加MessageBox宏操作，如图6-2所示。值得注意的是，在输入宏操作命令时，系统会根据输入的前几个字母自动补齐完整的操作命令。

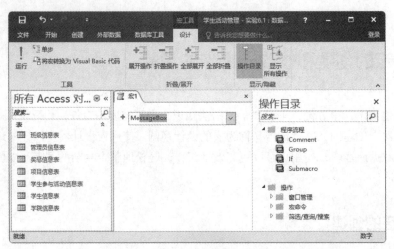

图 6-2　添加 MessageBox 宏操作

③ 设置MessageBox宏操作的参数，如图6-3所示。

④ 单击快速访问工具栏中的"保存"按钮，打开"另存为"对话框，输入宏名称"欢迎消息"，如图6-4所示，然后单击"确定"按钮，完成宏的创建。

图 6-3　设置 MessageBox 宏操作的参数

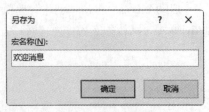

图 6-4　输入宏名称

< 90 >

⑤ 在完成"另存为"操作后，宏设计器如图6-5所示。此时，界面左侧的导航窗格中新增加了宏列表且列表中出现了一个宏对象，同时宏名称由"宏1"更改为"欢迎消息"。

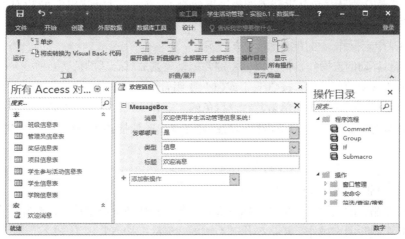

图6-5　保存宏名称后的宏设计器

⑥ "欢迎消息"宏的运行结果如图6-6所示。

【实验6.2】创建一个自动运行宏，其中只包含一个MessageBox操作。运行该宏后，打开一个显示"这是一个自动运行宏!"提示信息的对话框。具体操作步骤如下。

① 启动Access，单击"创建"选项卡"宏与代码"组中的"宏"按钮，打开宏设计器。

图6-6　"欢迎消息"宏的运行结果

② 单击宏设计器中"添加新操作"右侧的下拉按钮，从其下拉列表中选择"MessageBox"选项，在MessageBox宏操作中的"消息"文本框中输入"这是一个自动运行宏!"。

③ 单击快速访问工具栏中的"保存"按钮，打开"另存为"对话框，输入宏名称"AutoExec"，完成自动运行宏的创建。

④ 在完成"另存为"操作后，宏设计器如图6-7所示。

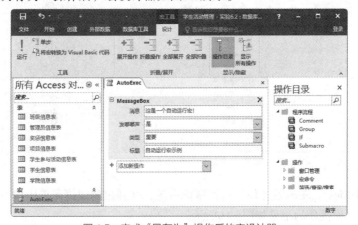

图6-7　完成"另存为"操作后的宏设计器

 思考

能否在一个Access数据库中创建多个自动运行宏？

< 91 >

6.1.2 修改宏操作

宏中的各个操作默认是按从上往下的顺序进行的。在宏的设计过程中，可以对宏中的各个操作顺序进行修改，如上下移动、删除、复制和粘贴等。

上下移动某个宏操作，可用如下几种方法实现。

① 选择需要移动的宏操作，按住鼠标左键并拖动将其放到合适的位置。

② 选择需要移动的宏操作，按Ctrl+↑或Ctrl+↓组合键。

③ 选择需要移动的宏操作，单击其右侧绿色的"上移"或"下移"按钮。

④ 选择需要移动的宏操作，单击鼠标右键并在弹出的快捷菜单中执行"上移"或"下移"命令。

删除某个宏操作，可用如下几种方法实现。

① 选择需要删除的宏操作，按Delete键。

② 选择需要删除的宏操作，单击鼠标右键并在弹出的快捷菜单中执行"删除"命令。

③ 选择需要删除的宏操作，单击操作其右侧的"删除"按钮╳。

【实验6.3】创建一个名为"宏示例"的宏，其中包含两个MessageBox宏操作，第1个MessageBox宏操作运行后弹出一个显示"这是第1条消息！"的对话框，第2个MessageBox宏操作运行后弹出一个显示"这是第2条消息！"的对话框。将第2个MessageBox宏操作上移，然后删除最后一个宏操作。具体操作步骤如下。

① 启动Access，创建包含两个MessageBox宏操作的宏，并将其命名为"宏示例"，如图6-8所示。

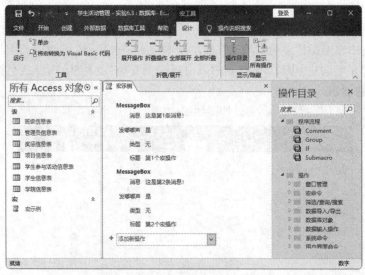

图6-8 "宏示例"宏

② 选择第2个MessageBox宏操作，单击鼠标右键，在弹出的快捷菜单中执行"上移"命令，如图6-9所示。移动宏操作的结果如图6-10所示。

③ 选择最后一个MessageBox宏操作，单击鼠标右键，在弹出的快捷菜单中执行"删除"命令，如图6-11所示。

< 92 >

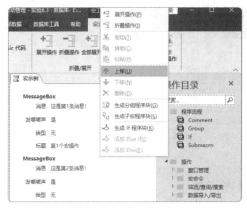

图 6-9 执行"上移"命令

图 6-10 移动宏操作结果

图 6-11 执行"删除"命令

6.2 带条件的宏的实验

通常情况下，宏中的操作是按顺序依次往下执行的，但在实际应用中，经常需要宏能够按给定的条件进行判断来决定是否执行某些操作。Access引入了If宏操作，也就是条件宏，使宏具有逻辑判断能力，即只有在符合一定条件时宏操作才会执行。

在If宏操作中，只有当"条件表达式"文本框中的表达式计算结果为True时，If宏操作的各项操作才会执行；若表达式计算结果为False，则If宏操作的各项操作不会执行。

【实验6.4】创建一个宏，提示用户输入验证信息（access2016）并判断，当输入的信息正确时，弹出显示"恭喜，验证信息正确！"的提示信息，否则弹出"抱歉，验证信息错误！"的提示信息。具体操作步骤如下。

① 启动Access，打开宏设计器。

② 设置临时变量的名称为yzxx，表达式为InputBox("请输入验证信息：")，如图6-12所示。

③ 添加If宏操作，并设置条件参数为 "[TempVars]![yzxx]="access2016""。

④ 在If块内的"添加新操作"下拉列表中选择"MessageBox"选项，并设置参数，如图6-13所示。注意：图中If与End If为一个If块。

< 93 >

图 6-12　设置临时变量

⑤ 单击If块内右下角的"添加Else"链接，为If宏操作添加分支，如图6-14所示。在新出现的Else块内添加MessageBox宏操作，并设置参数。此时，If结构设置完成，共有两个分支，即两种可能出现的结果，如图6-15所示。

图 6-13　在 If 块内添加宏操作并设置参数

图 6-14　为宏操作分支

⑥ 在End If后面添加RemoveTempVar宏操作，删除临时变量yzxx，如图6-16所示。

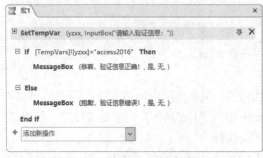

图 6-15　包含两个分支的 If 结构

图 6-16　添加宏操作并删除临时变量

思考

创建一个自动运行宏，在Access文件打开时，根据当前时间弹出显示"上午好！"或"下午好！"的提示信息。

【实验6.5】创建一个登录窗体，当用户输入正确的用户名（admin）和密码（123）后，弹出显示"登录成功"的提示信息，否则弹出显示"用户名或密码错误"的提示信息。具体操作步骤如下。

① 创建"登录窗体"，如图6-17所示，其中"用户名："后的文本框的名称为"user"，"密

< 94 >

码："后的文本框的名称为"pw"。

② 创建一个独立宏，添加If宏操作。

③ 设置If宏操作参数，在条件表达式文本框中输入"Forms![登录窗体]![user]="admin" And Forms![登录窗体]![pw]="123""；或者单击条件表达式文本框后的 按钮，在打开的"表达式生成器"对话框中输入表达式，如图6-18所示。

④ 在If块内的"添加新操作"下拉列表中选择"MessageBox"选项，并设置参数。

图 6-17　创建"登录窗体"

⑤ 单击If块内右下角的"添加Else"链接，为If宏操作添加分支。在新出现的Else块内的"添加新操作"下拉列表中选择"MessageBox"选项，并设置参数，添加登录失败时的If分支，如图6-19所示。

⑥ 保存宏，并将其命名为"登录验证"。

图 6-18　在"表达式生成器"对话框中输入表达式

图 6-19　添加登录失败时的If分支

⑦ 以设计视图模式打开"登录窗体"，选中"登录"按钮，单击界面右侧"属性表"窗格中的"事件"选项卡，在"单击"下拉列表中选择"登录验证"选项，将"登录"按钮的"单击"事件绑定独立宏，如图6-20所示。

图 6-20　将"登录"按钮的"单击"事件绑定独立宏

⑧ 保存"登录窗体"，输入用户名和密码，查看"登录验证"宏的两种运行结果。

!)思考

在本实验中，用户名（admin）和密码（123）的值是固定的，是否可以改写该条件表达式，使上述两个值能从数据表中获取？

<　95　>

6.3 嵌入宏与事件的实验

嵌入宏也称嵌入式宏，是嵌入窗体、报表或控件等对象的事件属性中的宏。嵌入宏作为一个事件属性直接附加在对象上，并不独立显示在导航窗格的宏列表中，且只能被附加的对象调用。

事件是在数据库中执行的一种特殊操作，是对象能辨识和检测的动作，如"单击""双击""获得焦点"等。如果已经给某个事件编写了宏（或绑定了宏）或事件程序等，当这个事件发生时，就会执行对应的宏或事件过程。

6.3.1 简单嵌入宏的应用

在实际生活中，经常遇到页面跳转的情况，如单击某个按钮或其他对象，打开一个新的页面。在Access的数据库中也需要这样的功能，以方便用户对数据进行操作，增强Access中数据库的可用性和灵活性。

【实验6.6】在"学生活动管理"数据库中创建一个"简单嵌入宏实验"窗体，如图6-21所示，设计嵌入宏，通过"单击"事件实现窗体中按钮的功能，具体操作步骤如下。

① 启动Access，打开"学生活动管理"数据库。

② 创建"简单嵌入宏实验"窗体，进入设计视图，如图6-22所示。

图6-21 "简单嵌入宏实验"窗体

图6-22 "简单嵌入宏实验"窗体的设计视图

③ 选中窗体中的"打开学生信息表"按钮，单击"属性表"窗格"事件"选项卡中的"单击"选项右侧的"生成器"按钮，在打开的"选择生成器"对话框中选择"宏生成器"选项，单击"确定"按钮打开宏设计器，如图6-23所示。

④ 添加OpenTable宏操作，设置相应参数，如图6-24所示，其中"表名称"设置为"学生信息表"，"视图"设置为"数据表"，"数据模式"设置为"只读"。

⑤ 单击"宏工具→设计"选项卡"关闭"组中的"保存"按钮，保存宏。因为创建的是嵌入宏，所以不会打开"另存为"对话框，不能为嵌入宏命名。

< 96 >

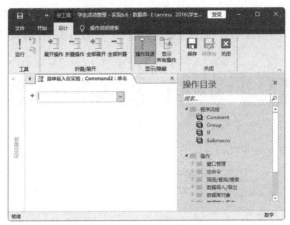

图 6-23　打开宏设计器

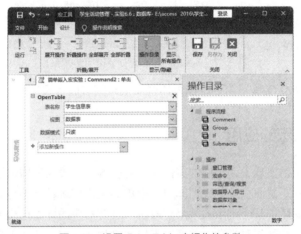

图 6-24　设置 OpenTable 宏操作的参数

⑥ 单击"宏工具→设计"选项卡"关闭"组中的"关闭"按钮，退出宏设计器，返回窗体设计视图。此时，"属性表"窗格中"事件"选项卡中的"单击"事件后面的文本框中出现"[嵌入的宏]"字样，表示该"单击"事件绑定了一个嵌入宏，如图6-25所示。

图 6-25　"单击"事件绑定嵌入宏

< 97 >

⑦ 以同样的方式为"简单嵌入宏实验"窗体的"关闭当前窗体"按钮绑定嵌入宏。注意："关闭当前窗体"按钮的功能由CloseWindow宏操作实现，参数设置如图6-26所示。保存嵌入宏，然后关闭宏生成器。

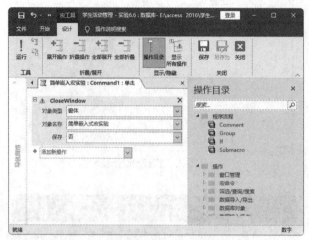

图 6-26　设置 CloseWindow 宏操作的参数

⑧ 保存"简单嵌入宏实验"窗体，以窗体视图模式查看嵌入宏的运行结果。

6.3.2　复杂嵌入宏的应用

简单嵌入宏的使用，实现了无条件的窗体或页面的跳转，极大地增强了数据操作的灵活性，也提升了用户使用体验。然而在某些数据库中，简单的无条件跳转并不能满足用户需求，如用户可能希望单击数据表窗体中某个记录的某个字段时，打开对应的详细信息窗体。此时，就需要有条件跳转，嵌入宏的设计就相对复杂一些，即需要在设计嵌入宏时加入限制条件。

【实验6.7】在"学生活动管理"数据库中创建一个用户界面，实现单击窗体中的某个字段时打开对应的详细信息窗体，具体要求如下。

① 在"学生活动管理"数据库中新建"奖惩信息窗体"（数据表窗体）、"学生信息窗体"。

② 在"奖惩信息窗体"中单击"学号"字段，以对话框和只读形式弹出对应学生的"学生信息窗体"。

具体操作步骤如下。

① 启动Access，打开"学生活动管理"数据库，如图6-27所示。

② 选中导航窗格中的"奖惩信息表"，单击"创建"选项卡"窗体"组中的"其他窗体"按钮，在打开的下拉列表中选择"数据表"选项，创建数据表窗体，如图6-28所示。

③ 单击快速访问工具栏中的"保存"按钮或按Ctrl+S组合键，在打开的"另存为"对话框中输入窗体名称"奖惩信息窗体"，完成"奖惩信息窗体"的创建。

④ 选中导航窗格中的"学生信息表"，单击"创建"选项卡"窗体"组中的"窗体"按钮，单击快速访问工具栏中的"保存"按钮或按Ctrl+S组合键，在打开的"另存为"对话框中输入窗体名称"学生信息窗体"，完成"学生信息窗体"的创建，如图6-29所示。为了便于观察，将"学生信息窗体"的"弹出方式"设置为"是"。

⑤ 以设计视图的形式打开"奖惩信息窗体"，如图6-30所示。选中"学号"文本框，单击"属性表"窗格中"事件"选项卡的"单击"选项右侧的…按钮，如图6-31所示。

<98>

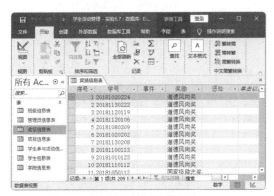

图 6-27 "学生活动管理"数据库

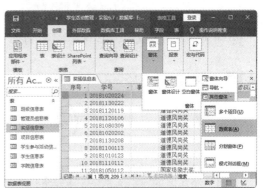

图 6-28 创建数据表窗体

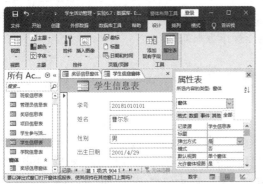

图 6-29 完成"学生信息窗体"的创建

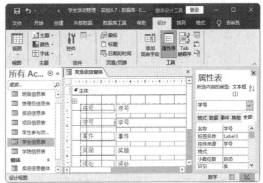

图 6-30 设计视图下的"奖惩信息窗体"

⑥ 在打开的"选择生成器"对话框中选择"宏生成器"选项,单击"确定"按钮打开宏设计器。

⑦ 在打开的宏设计器中,添加OpenForm宏操作并设置参数,如图6-32所示。其中,将"当条件="设置为"[学号] =Forms![奖惩信息窗体]! [学号]"。

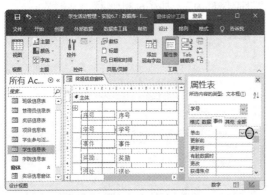

图 6-31 "单击"选项右侧的按钮

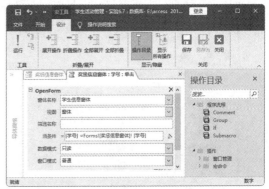

图 6-32 添加 OpenForm 宏操作并设置参数

! 说明

在执行该嵌入宏时,当前窗体由"奖惩信息窗体"变成"学生信息窗体",所以在设置条件时,"学生信息窗体"中的"学号"文本框无须用窗体名称进行引用,而"奖惩信息窗体"中的"学号"文本框必须使用完整的窗体控件引用方式进行引用。

⑧ 依次单击宏设计器的"保存"按钮、"关闭"按钮,保存宏并关闭宏设计器。进入"奖惩信

< 99 >

息窗体"的设计视图，在"属性表"窗格中"事件"选项卡中的"单击"文本框中可看到新嵌入的宏。

⑨ 切换到数据表视图，单击"学号"字段，查看嵌入宏的运行结果。

6.3.3 子宏的实验

子宏是宏的一个组成部分，可以将若干个宏操作定义为一个整体并命名，然后按名称直接调用它。

一个宏可以包含多个子宏，每个子宏都有自己的名称，可以包含多个宏操作。在导航窗格中只能看到已经命名的宏，无法看到包含的子宏。

子宏的调用方式为：宏名.子宏名。

【实验6.8】在"学生活动管理"数据库中创建两个宏：一个宏命名为"打开数据表"，包含"打开学生信息表""打开学院信息表"两个子宏；另一个宏命名为"打开窗体"，包含"打开班级信息窗体""打开项目信息窗体"两个子宏。具体操作步骤如下。

① 启动Access，打开"学生活动管理"数据库。

② 选中导航窗体中的"班级信息表"，单击"创建"选项卡"窗体"组中的"窗体"按钮，创建"班级信息窗体"。

③ 以同样的方式创建"项目信息窗体"。

④ 新建一个独立宏，打开宏设计器，在"添加新操作"下拉列表中选择"Submacro"选项，将"子宏:"后面的"sub1"改成"打开学生信息表"；在下面的"添加新操作"下拉列表中选择"OpenTable"选项，设置参数，以只读方式打开"学生信息表"，如图6-33所示。注意："OpenTable"及其后面的"End Submacro"之间的区域为一个完整的子宏，在这个块内可以添加多个宏操作。

⑤ 从"End Submacro"下面的"添加新操作"下拉列表中，选择"Submacro"选项，将"子宏:"后面的"sub2"改成"打开学院信息表"；在下面的"添加新操作"下拉列表中选择"OpenTable"选项，设置参数，以只读方式打开"学院信息表"，如图6-34所示。

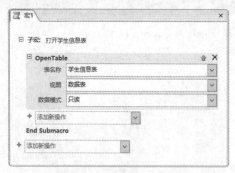

图 6-33　设置以只读方式打开"学生信息表"

图 6-34　设置以只读方式打开"学院信息表"

⑥ 保存"宏1"，将其重命名为"打开数据表"。此时，"打开数据表"宏包含了"打开学生信息表""打开学院信息表"两个子宏。

⑦ 以同样的方式创建"打开窗体"宏，并添加"打开班级信息窗体""打开项目信息窗体"两个子宏。"打开窗体"宏的设置如图6-35所示。

【实验6.9】在实验6.8创建的"班级信息窗体"中添加"项目信息窗体"按钮、"学院信息表"按钮，调用实验6.8中创建的子宏实现按钮的功能。具体操作步骤如下。

< 100 >

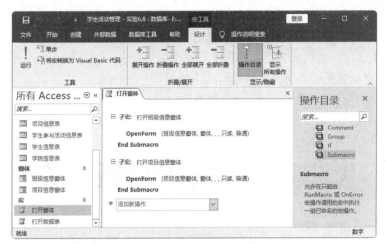

图 6-35 "打开窗体" 宏的设置

① 用设计视图打开"班级信息窗体"，在窗体底部添加"项目信息窗体"按钮、"学院信息表"按钮控件，如图6-36所示。

② 选中"项目信息窗体"按钮，在"属性表"窗格中"事件"选项卡中的"单击"下拉列表中选择"打开窗体.打开项目信息窗体"选项，如图6-37所示。

图 6-36 添加按钮控件

图 6-37 选择"打开窗体.打开项目信息窗体"选项

③ 以同样的方式为"学院信息表"按钮调用"打开数据表"宏中的"打开学院信息表"子宏。

④ 保存"班级信息窗体"，退出设计视图。

⑤ 用窗体视图打开"班级信息窗体"，单击窗体中的"项目信息窗体"按钮、"学院信息表"按钮，查看运行结果。

6.4 数据宏的实验

数据宏主要用于在表的事件（如添加、更新或删除数据）中添加逻辑。数据宏可以在数据表视图中查看，在"表格工具→表"选项卡中实现管理，它并不会显示在导航窗格的宏列表内。

< 101 >

数据宏主要有两种类型：一种是表的事件触发的数据宏，也称事件数据宏；另一种是为响应按名称调用而运行的数据宏，也称已命名的数据宏。

【实验6.10】在"学生活动管理"数据库的"学生信息表"中添加一个"更新后"数据宏，用以查看每一次更新数据的时间。具体操作步骤如下。

① 启动Access，打开"学生活动管理"数据库。

② 双击导航窗格中的"学生信息表"，单击新出现的"表格工具→表"选项卡，如图6-38所示。

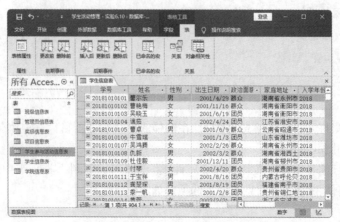

图6-38　新出现的"表格工具→表"选项卡

③ 单击"后期事件"组中的"更新后"按钮，打开数据宏的宏设计器，如图6-39所示。

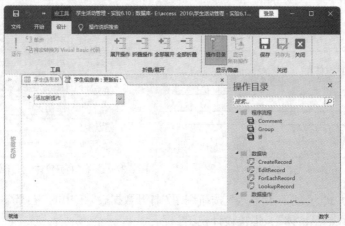

图6-39　打开数据宏的宏设计器

④ 添加LogEvent宏操作并设置参数。该宏操作的参数仅为一段说明文字。

⑤ 依次单击宏设计器右上方的"保存"按钮、"关闭"按钮，保存新添加的数据宏并关闭宏设计器。

⑥ 选择"表格工具→表"选项卡中"已命名的宏"组的"已命名的宏"下拉列表中的"重命名/删除宏"选项，在打开的"数据宏管理器"对话框中可以查看新添加的事件数据宏，如图6-40所示。

⑦ 在导航窗格的空白处单击鼠标右键，在弹出的快捷菜单中执行"导航选项"命令，打开"导航选项"对话框，勾选"显示系统对象"复选框，如图6-41所示。

< 102 >

图 6-40 在"数据宏管理器"对话框中查看新添加的宏

图 6-41 勾选"显示系统对象"复选框

⑧ 双击导航窗格中的"USysApplicationLog"数据表，即可查看通过LogEvent宏操作写入的数据，如图6-42所示。

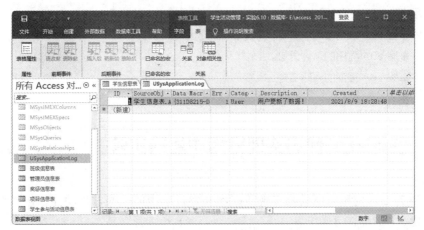

图 6-42 查看通过设置的宏操作写入的数据

< 103 >

第 7 章 VBA程序设计基础的实验

本章安排了通过VBA代码实现常用功能、数据类型和变量、使用VBA条件语句实现程序分支、使用VBA循环结构实现重复运算等实验，以期达到以下实验目的。

① 熟悉 VBA 编程的基本环境。

② 使用VBA代码实现常用操作。

③ 熟练掌握 VBA 数据类型、变量、常量表达式等基础知识。

④ 熟练掌握 VBA 程序的条件语句。

⑤ 熟练掌握 VBA 程序的循环结构。

7.1 使用VBA代码实现常用功能的实验

本节讲解如何使用VBA代码实现数据库开发过程中的一些常用功能，包括打开、关闭、最大化、恢复窗体等操作。

【实验7.1】在"学生活动管理"数据库中新建一个窗体，命名为"窗体1"，在"窗体1"中添加按钮及其他控件，"窗体1"效果如图7-1所示。为各按钮添加"单击"事件处理程序，以实现相应的功能。具体操作步骤如下。

① 在设计视图中打开"窗体1"。

② 在"最大化"按钮上单击鼠标右键，在弹出的快捷菜单中执行"属性"命令；在"属性表"窗格中单击"事件"选项卡，在"单击"下拉列表中选择"事件过程"选项，打开VBA编辑器。"最大化"按钮的"单击"事件处理程序代码如下：

```
DoCmd. Maximize
```

③ 参考步骤②，为其他按钮添加"单击"事件处理程序。

● "恢复窗口"按钮的"单击"事件处理程序代码如下：

```
DoCmd. Restore
```

图 7-1 "窗体 1"的效果

- "消息框"按钮的"单击"事件处理程序代码如下：

```
MsgBox "欢迎使用学生活动管理系统", vbInformation,"Welcome"
```

- "删除记录"按钮的"单击"事件处理程序代码如下：

```
DoCmd. RunSQL"Delete From 学生信息表Where 姓名='黄蓉'"
```

- "打开窗体"按钮的"单击"事件处理程序代码如下：

```
DoCmd. OpenForm "欢迎"
```

- "关闭窗体"按钮的"单击"事件处理程序代码如下：

```
DoCmd. Close acForm,"欢迎"
```

- "退出程序"按钮的"单击"事件处理程序代码如下：

```
DoCmd. Quit acQuitSaveAll
```

- "学生姓名"按钮的"单击"事件处理程序代码如下：

```
MsgBox DLookup("姓名","学生信息表","学号=" & """" & Me. List10 & """")
```

- "学生总数"按钮的"单击"事件处理程序代码如下：

```
MsgBox"学生信息表总人数：" & DCount("*","学生信息表")
```

- "设置标题"按钮的"单击"事件处理程序代码如下：

```
Me. Caption = InputBox("请输入标题")
```

< 105 >

7.2 数据类型和变量的实验

本节讲解如何定义和使用变量。

【实验7.2】根据身高和体重计算体重指数。要求在"窗体2"中输入身高和体重，单击"计算体重指数"按钮，便可根据体重指数计算公式计算出用户的体重指数，"窗体2"的效果如图7-2所示。注意：体重指数=体重（kg）÷身高^2（m）。具体操作步骤如下。

实验7.2

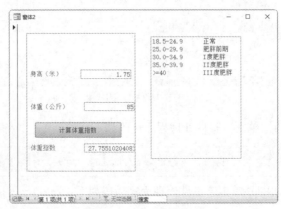

图 7-2　"窗体 2"的效果

创建"窗体2"，在其中添加图7-2中的各类控件，为"计算体重指数"按钮编写"单击"事件处理程序，代码如下：

```
Private Sub Command10_Click  ()
Dim h As Single
Dim w As Single
h = Val(Text3)
w = Val(Text6)
i = w / h ^ 2
Text8 = Str(i)
End Sub
```

7.3 使用VBA条件语句实现程序分支的实验

本节讲解If语句和Select语句的用法。

【实验7.3】根据体重指数判断用户的健康状况。打开实验7.2中创建的"窗体2"，在其中增加相应的控件。使用If语句对输入的身高和体重进行检查：如果输入值小于或等于0，则给出错误提示；如果输入值符合规范，则计算体重指数。使用Select语句，根据体重指数给出对应的健康评价，健康评价页面如图7-3所示。具体操作步骤如下。

< 106 >

第一部分 实验指导

图 7-3　健康评价界面

① 修改"计算体重指数"按钮的"单击"事件处理程序，代码如下：

```
Private Sub Command10_Click()
Dim h As Single
Dim w As Single
h = Val(Text3)
w = Val(Text6)
If h > 0 And w > 0 Then
    i = w / h ^ 2
    Text8 = Str(i)
Else
    MsgBox"身高和体重值必须大于0，请重新输入！ ", vbCritical,"提示"
End If
End Sub
```

输入值不符合要求时，弹出图7-4所示的提示信息。

图 7-4　输入出错后的提示信息

② 编写"评价"按钮的"单击"事件处理程序，代码如下：

```
Private Sub Command16_Click()
Dim i As Single
i = Val(Text8)
Select Case i
```

< 107 >

```
Case Is >= 40
    Label17. Caption ="III度肥胖"
Case Is >= 35
    Label17. Caption ="II度肥胖"
Case Is >= 30
    Label17. Caption ="I度肥胖"
Case Is >= 25
    Label17. Caption ="肥胖前期"
Case Is >= 18. 5
    Label17. Caption ="正常"
Case Else
    Label17. Caption ="偏瘦"
End Select
End Sub
```

7.4 使用VBA循环结构实现重复运算的实验

本节讲解循环结构中For…Next语句和Do Until…Loop语句的用法。

【实验7.4】创建"窗体3"，在其中添加相应的控件，编写代码，计算两个自然数之间所有自然数的和，"窗体3"的效果如图7-5所示。

图7-5 "窗体3"的效果

本例可编写"求和"按钮的"单击"事件处理程序来实现，分别用For…Next和Do Until…Loop语句实现。

① 用For…Next语句实现，代码如下：

```
Private Sub Command7_Click()
Dim a As Single
Dim b As Single
Dim i As Single
Dim s As Single
s=0
a = Val(Text0)
b = Val(Text2)
For i = a To b
    s = s + i
```

< 108 >

```
Next
Text3 = Str(s)
End Sub
```

② 用Do Until…Loop语句实现，代码如下：

```
Private Sub Command7_Click()
Dim a As Single
Dim b As Single
Dim i As Single
Dim s As Single
a = Val(Text0)
b = Val(Text2)
s = 0
i = a
Do Until i > b
    s = s + i
    i = i + 1
Loop
Text3 = Str(s)
End Sub
```

【实验7.5】$S=1+1/2+1/3+\cdots+1/n$，编程计算当n最小为多少时，S的值超过4。要求分别用Do…Loop While和Do…Loop Until语句实现（答案为31）。

① 用Do…Loop While语句实现，代码如下：

实验7.5（1）

```
Public Sub ex1()
Dim s As Single
Dim n As Integer
s = 0
n = 0
Do
    n = n + 1
    s = s + 1 / n
Loop While s <= 4
Debug. Print n
End Sub
```

② 用Do…Loop Until语句实现，代码如下：

实验7.5（2）

```
Public Sub ex2()
Dim s As Single
Dim n As Integer
s = 0
n = 0
Do
    n = n + 1
    s = s + 1 / n
Loop Until s > 4
Debug. Print n
End Sub
```

< 109 >

【实验7.6】$S=1+4+9+16+\cdots+n^2$，编程计算当n最小为多少时，S的值超过99 999。要求分别用Do Until…Loop和Do While…Loop语句实现（答案为67）。

① 用Do Until…Loop语句实现，代码如下：

实验7.6（1）

```
Public Sub ex1()
Dim s As Single
Dim n As Integer
s = 0
n = 0
Do Until s > 99999
    n = n + 1
    s = s + n ^ 2
Loop
Debug. Print n
End Sub
```

② 用Do While…Loop语句实现，代码如下：

实验7.6（2）

```
Public Sub ex1()
Dim s As Single
Dim n As Integer
s = 0
n = 0
Do While s <= 99999
    n = n + 1
    s = s + n ^ 2
Loop
Debug. Print n
End Sub
```

< 110 >

第 8 章 VBA数据库编程的实验

本章安排了两个实验来介绍应用VBA编程技术的具体方法，以期达到以下实验目的。

① 熟悉VBA编程常用的几种数据库访问技术。

② 熟练掌握使用DAO和ADO访问技术读取和修改数据库中数据的方法。

③ 熟练掌握应用VBA编程技术完善数据库功能的方法。

8.1 使用DAO和ADO技术访问数据库的实验

数据库访问接口是实现VBA与数据库后台连接的方法和途径。微软公司提供了开放式数据库连接（Open Data Base Connectivity，ODBC）、数据访问对象（Data Access Objects，DAO）、对象连接与嵌入数据库（Object Linking and Embedding Data Base，OLE DB）、ActiveX数据对象（ActiveX Data Object，ADO）、ADO.NET这5种适用于Access中的数据库的接口技术。目前，Access主要涉及的4种数据库编程接口技术为ODBC、DAO、OLE DB和ADO，其中DAO和ADO技术是经常使用的数据库编程接口技术。

① DAO是VBA提供的一种面向对象的数据访问接口。借助VBA，用户可以根据需要自定义访问数据库的操作和方法。在使用DAO访问数据库时，首先在VBA中设置对象变量，然后通过对象变量调用访问对象的方法、设置访问对象的属性，从而实现对数据库的访问。

② ADO是基于COM的自动化数据库编程接口。ADO通过COM组件系统提供访问各种数据类型的连接机制，以方便连接任何符合ODBC标准的数据库。在使用ADO访问数据库时，首先在VBA中设置对象变量，然后通过对象变量调用访问对象的方法、设置访问对象的属性，从而实现对数据库的访问。

使用Set语句可以将对象引用赋给变量，也可以将"Nothing"赋给某个变量，从而断开此变量与对象的连接，关闭和回收该对象变量，以释放系统资源。Recordset对象提供了MoveFirst、MoveLast、MovePrevious和MoveNext这4种在记录集对象中移动记录的方法。

- MoveFirst方法：移动至记录集第一条记录。
- MoveLast方法：移动至记录集最后一条记录。
- MovePrevious方法：移动至上一条记录。
- MoveNext方法：移动至下一条记录。

【**实验8.1**】通过编程读取和修改"课程信息表"。

实验8.1

在这个实验中，将介绍VBA数据库编程中常使用的DAO和ADO两种数据库访问技术的应用方式，以及使用编程技术修改表中字段值的方法。

要求分别使用DAO和ADO编写子过程，完成在"教务管理.accdb"数据库的"课程信息表"中，将"课程名称"中包含"化学"课程的"学分"字段值增加0.5的操作。假设该数据库文件存放在D盘下的"教务管理系统"文件夹中，具体操作步骤如下。

① 单击"创建"选项卡"宏与代码"组中的"模块"按钮，分别创建两个标准模块，将它们保存并命名为"实验8.1-DAO"和"实验8.1-ADO"。

② 在模块的代码编辑区分别添加子过程Sub SetCredit1( )和DAO代码、子过程Sub SetCredit2( )和ADO代码，子过程的主要功能是完成对"课程信息表"中"课程名称"包含"化学"课程的"学分"字段值的修改。

标准模块"实验8.1-DAO"的核心代码如下：

```
Sub SetCredit1()
                                          '定义变量对象
    Dim ws As DAO. Workspace               '工作区对象
    Dim db As DAO. Database                '数据库对象
    Dim rs As DAO. RecordSet               '记录集对象
    Dim fd1 As DAO. Field                  '字段对象1
    Dim fd2 As DAO. Field                  '字段对象2

Set ws = DBEngine. Workspaces(0)           '打开0号工作区
Set db = ws. OpenDatabase("d:\教务管理系统\教务管理.accdb")'打开数据库
Set rs = db. OpenRecordset("课程信息表")   '打开"课程信息表"记录集
Set fd1 = rs. Fields("课程名称")           '设置"课程名称"字段引用
Set fd2 = rs. Fields("学分")               '设置"学分"字段引用
                                           '对记录集使用循环结构进行遍历
Do While Not rs. EOF
  If fd1 like "*化学" Then                 '利用选择结构控制"课程名称"的值
    rs. Edit                               '设置为"编辑"状态
    fd2 = fd2 + 0.5                         '将"学分"字段值加0.5
    rs. Update                             '更新记录集，保存"学分"字段值
  End If                                    '选择结构结束
  rs. MoveNext                             '记录指针移动至下一条记录
Loop                                       '关闭并回收对象变量
rs. Close
db. Close
Set rs = Nothing
Set db = Nothing
End Sub
```

标准模块"实验8.1-ADO"的核心代码如下：

```
Sub SetCredit2()                            '创建或定义变量对象
    Dim cn As New ADODB. Connection         '连接对象
    Dim rs As ADODB. RecordSet              '记录集对象
    Dim fd1 As ADODB. Field                 '字段对象1
    Dim fd2 As ADODB. Field                 '字段对象2
    Dim strConnect As String                '连接字符串
```

< 112 >

```
        Dim strSQL As String                              '查询字符串
StrConnect ="d:\教务管理系统\教务管理.accdb"              '设置连接数据库
cn. Provider ="Microsoft.ACE.OLEDB.16.0"                  '设置OLE DB数据提供者
cn. Open strConnect                                       '打开与数据源的连接
strSQL = "Select课程名称, 学分  from  课程信息表"          '设置查询表
rs.  Open strSQL, cn, adOpenDynamic, adLockOptimistic, adCmdText
                                                          '打开记录集
Set fd1 = rs. Fields(课程名称)                            '设置"课程名称"字段引用
Set fd2 = rs. Fields(学分)                               '设置"学分"字段引用
                                                          '对记录集使用循环结构进行遍历
Do While Not rs. EOF
    If fd1 like "*化学" Then                              '利用选择结构控制"课程名称"的值
            fd2 = fd2 + 0.5                               '将"学分"字段值加0.5
            rs. Update                                    '更新记录集, 保存"学分"字段值
    End If                                                '选择结构结束
    rs. MoveNext                                          '记录指针移动至下一条记录
Loop                                                      '关闭并回收对象变量
rs. Close
cn. Close
Set rs = Nothing
Set cn = Nothing
End Sub
```

③ 运行子过程。将光标定位在子过程中，在VBA窗口的"运行"菜单中执行"运行子过程/用户窗体"命令，观察"课程信息表"中"课程名称"包含"化学"课程的"学分"字段值更新后的情况。

8.2 应用VBA编程技术完善数据库功能的实验

【实验8.2】使用编程的方式实现"学生信息表"中主键的取消和重设。

在这个实验中，将介绍通过VBA编程设计和完善数据库中数据表结构的方法。

实验8.2

要求在"教务管理.accdb"数据库中创建和设计"学生信息表"，该表包括"学号""姓名""性别""出生日期""政治面貌""家庭地址""入学年份""班级编号"8个字段，"学号"字段是该表的主键。

在连接数据库后，可使用SQL中的Alter Table语句对数据表的结构进行处理和修改。使用Alter Table语句可以在已创建的表中添加、修改或删除字段。

① 添加字段：Alter Table table_name Add column_name datatype。

② 删除字段：Alter Table table_name Drop column_name。

③ 修改字段的数据类型：Alter Table table_name Alter Column column_name datatype。

使用Alter Table语句也可以在已创建的表中添加或删除主键。

① 添加主键：Alter Table table_name Add Constraint Primary_Key primary_key_name（column_name）。

② 删除主键：Alter Table table_name Drop Constraint Primary_Key。

具体操作步骤如下。

① 单击"创建"选项卡"宏与代码"组的"模块"按钮，创建一个标准模块，将其保存并命名为"实验8.2"。

< 113 >

② 在模块的代码编辑区内添加自定义函数DropPrimaryKey( )并编写代码，该函数的主要功能是取消"学生信息表"中的"学号"主键；在模块的代码编辑区内添加自定义函数AddPrimaryKey( )并编写代码，该函数的主要功能是重设"学号"字段为"学生信息表"的主键。

标准模块"实验8.2"的核心代码如下：

```
Function DropPrimaryKey( )                          '取消"学生信息表"的主键
  Dim strSQL As String                              '用SQL语句取消主键
  strSQL ="ALTER TABLE 学生信息表 DROP CONSTRAINT PRIMARY_KEY"
  CurrentProject. Connection. Execute strSQL
End Function
Function AddPrimaryKey( )                            '设置主键为"学号"字段
  Dim strSQL As String                              '用SQL语句设置主键
  strSQL="ALTER TABLE学生信息表ADDCONSTRAINT PRIMARY_KEY" & "PRIMARY KEY（学号）"
  CurrentProject. Connection. Execute strSQL
End Function
```

③ 运行子过程，观察"学生信息表"中主键的变化，检查程序运行结果。

!) 思考

如果在创建"学生信息表"时并未设置主键，然后运用上述设置和取消主键的方法，对"学生信息表"设置主键后再取消主键，能否达到该目的？

【实验8.3】根据用户需求选择控件数据，通过编程实现窗体控件数据来源的设置。

在这个实验中，介绍通过VBA编程控制窗体控件数据来源的方法。

要求在"教务管理.accdb"数据库中创建一个表格式表单窗体"教师信息窗体"。

实验8.3

请按照以下要求完成本实验：创建一个组合框CboPolitical，用以选择所需查询教师的政治面貌；编写SQL语句返回所选政治面貌的教师信息，"政治面貌"字段的数据类型为文本型，并根据所选政治面貌的信息，将"教师信息窗体"的记录源更改为符合用户所选政治面貌的教师的有关信息。

在通过组合框选择所需查询教师的政治面貌时，会自动触发组合框的"AfterUpdate"事件；在设置RecordSource属性时，需要读取所选的政治面貌信息。可以使用"Me! CboPolitical"语句调用当前窗体中名为"CboPolitical"的组合框控件，以自动识别所选政治面貌信息。根据组合框中选择的值修改窗体数据源的效果如图8-1所示。

图 8-1　根据组合框中选择的值修改窗体数据源的效果

< 114 >

具体操作步骤如下。

① 根据要求创建"教师信息窗体"。

② 单击CboPolical组合框"属性表"窗格中"事件"选项卡中的"更新后"右侧的  按钮，在打开的对话框中选择"代码生成器"选项，然后单击"确定"按钮，在代码编辑区自动生成的CboPolitical控件的"AfterUpdate"事件过程中编写代码。该事件过程的主要功能是使用SQL语句完成"教师信息窗体"的RecordSource属性的设置，并根据用户所选的政治面貌信息更改窗体的记录源。具体实现代码如下：

```
Sub CboPost_AfterUpdate()
  Dim strSQL As String
  strSQL ="Select * From 教师信息表" & "Where 政治面貌 = '" & Me!CboPolitical & "'"
  Me. RecordSource = strSQL                      '设置窗体的RecordSource属性
End Sub
```

③ 运行子过程，观察"教师信息窗体"的变化，检查程序运行结果。

【实验8.4】通过编程来完善"课程信息窗体"的功能。

要求在"教务管理.accdb"数据库中创建一个表格式表单窗体"课程信息窗体"，可以输出"课程信息表"的相关字段信息。

请按照以下要求完成本实验：在修改窗体当前记录时，弹出一个对话框，其中显示提示消息"当前选择的课程是***"；单击"删除记录"按钮，直接删除窗体中的当前记录；单击"退出"按钮，关闭窗体。在窗体中修改当前记录的效果如图8-2所示。

图 8-2　在窗体中修改当前记录的效果

在窗体中修改当前记录时，会自动触发窗体的"Current"事件。RecordSet对象可以通过AddNew、Delete、Update等命令对记录集中的数据进行修改（使用AddNew命令可以为记录集添加记录；使用Delete命令可以删除记录集中选定的记录；使用Update命令可以更新记录集中选定记录的字段值）。在使用MsgBox命令时，提示信息需要所选记录的字段值，可以使用"Me!课程名称"语句调用当前窗体中名为"课程名称"的文本框控件，以自动识别所选记录字段的值。另外，还可以使用"Me.RecordSet.Fields("课程名称")"语句来获取所选记录字段的值。

< 115 >

具体操作步骤如下。

① 根据要求创建"课程信息窗体"。

② 单击"属性表"窗格中"事件"选项卡中"成为当前"右侧的⋯按钮，在打开的对话框中选择"代码生成器"选项，然后单击"确定"按钮，在代码编辑区自动生成的Form_Current事件过程中编写代码。该事件过程的主要功能是在"课程信息表"中修改当前记录，弹出一个有提示消息"当前选择的课程是***"的对话框。添加cmdDelete-Click事件过程并编写代码，该事件过程的主要功能是直接删除窗体中的所选记录；添加cmdQuit_Click事件过程并编写代码，该事件过程的主要功能是关闭窗体。

具体实现代码如下：

```
                             '在表格式表单窗体中修改当前记录时，触发"Form_Current"事件
Private Sub Form_Current()
                             '"课程名称"为文本框控件名称
  MsgBox              "当前选择的课程是" & Me!课程名称
End Sub
                             '单击"删除记录"按钮，直接删除窗体中的当前记录
Private Sub cmdDelete_Click()
  Me.Recordset.Delete
End Sub
                             '单击"退出"按钮，关闭窗体
Private Sub cmdQuit_Click()
  DoCmd.Close
End Sub
```

③ 运行子过程，选择并修改任意记录，观察"课程信息窗体"的变化；单击"删除记录"按钮，观察"课程信息窗体"中各记录的变化情况；单击"退出"按钮，检查程序运行结果。

思考

将该实验中的"删除记录"按钮改为"修改记录"按钮，当单击"修改记录"按钮时，弹出的对话框如图8-3所示，在输入需要修改课程的学分后，单击对话框中的"确定"按钮，完成对所选课程学分的修改。

图8-3 单击"修改记录"按钮，弹出的"修改记录"对话框

< 116 >

第二部分

习题参考答案

第1章　数据库概述

单选题

1. C	2. B	3. B	4. D	5. B
6. A	7. B	8. C	9. C	10. B

第2章　数据库和表

一、不定项选择题

1. C	2. B	3. ABCD	4. D	5. ABCD

二、填空题

1. 表结构　表内容
2. 数据表　设计
3. 一对一　　一对多　　多对多
4. "13"　"6"　"9"
5. 高级

三、操作题

略

第3章　查询

一、单选题

1. B	2. D	3. C	4. C	5. D
6. A	7. B	8. B	9. A	10. D
11. C	12. C	13. D	14. C	15. B
16. B	17. B	18. D	19. D	20. C
21. B	22. B	23. A	24. D	25. C
26. B	27. A	28. A	29. A	30. B

二、思考题

1. 查询是根据一定的条件，从一张或多张表中提取数据并进行添加、修改、删除、更新、汇总及计算等操作，然后返回一个新的数据集合。查询的结果是一个数据记录集合（操作查询除外），但是这个记录集并不真正存在于数据库中，而是在每次打开查询时临时生成，以使查询中

< 118 >

的数据始终与源表中的数据保持一致。

2. 选择查询、参数查询、交叉表查询、操作查询、SQL查询。

3. 生成表查询、追加查询、更新查询、删除查询。

4. 利用预定义计算，也就是用"总计"行计算。"总计"行的打开方式：在"查询工具→设计"选项卡"显示/隐藏"组中单击"汇总"按钮，设计网格中就会增加"总计"行；然后根据需求在"总计"行的下拉列表选择统计函数进行统计计算。

也可以用自定义计算进行来自多个字段的计算。

5. 在设计网格中的"字段"行中以"标题名：<表达式>"形式定义一个新的标题。

6. 参数查询比较灵活，用户可根据需求设置查询规则，输入查询条件，根据条件返回查询结果。

三、操作题

（1）Create Table 图书（书号 VarChar(10) primary key,书名 VarChar(50)，定价 Real）。

（2）Insert Into 图书（书号，书名，定价）values（"A0001"，"Access数据库应用基础"，32）。

（3）Select Max（[定价]）As最贵定价，Min（[定价]）As最便宜定价From图书。

第4章　窗体

一、单选题

1. D　　　　2. C　　　　3. C　　　　4. A　　　　5. B
6. C　　　　7. A　　　　8. D　　　　9. B　　　　10. B

二、填空题

1. 名称　　　　　　2. 表 查询　　　　　3. "多个项目"选项
4. 组合框 列表框　　5. 控件来源

第5章　报表

一、单选题

1. C　　　2. C　　　3. B　　　4. D　　　5. D　　　6. D

二、填空题

1. 主体　　2. 报表　　3. 分页符　　4. 报表 窗体

< 119 >

第6章　宏

单选题

1. C　　　　2. B　　　　3. A　　　　4. C　　　　5. C
6. C　　　　7. D　　　　8. C　　　　9. C　　　　10. A
11. B　　　12. D　　　13. D

第7章　VBA程序设计基础

一、单选题

1. B　　　2. C　　　3. A　　　4. B　　　5. D　　　6. C

二、填空题

1. 顺序、选择、循环　　　2. 语法错误　　　3. Visual Basic for Applications
4. #　　　5. 0　　　6. 监视

三、编程题

具体代码如下：

```
Public Sub ex1()
n = InputBox("输入一个数")
s = 1
For i = 1 To Val(n)
  s = s * i
Next i
MsgBox n + "!=" + Str(s)
End Sub
```

第8章　VBA数据库编程

一、单选题

1. B　　　　2. C　　　　3. D

二、填空题

1. DBEngine Workspace Database RecordSet QueryDef Field Error
2. Connection Command RecordSet Field Error
3. Form_Current vbYes Me.Recordset.Delete

< 120 >

三、思考题

1. VBA提供了OBDC、DAO、OLE DB、ADO、ADO.NET等数据访问接口。

2. ADO的中文全称为ActiveX数据对象。它的3个核心对象是Connection对象、Command对象和RecordSet对象。

3. VBA使用ADO访问数据库的一般步骤是：首先在VBA中设置对象变量，然后通过对象变量调用访问对象的方法、设置访问对象的属性，从而实现对数据库的访问。

< 121 >